Winfried Ahne

Tierversuche

Winfried Ahne

Tierversuche

Im Spannungsfeld von Praxis und Bioethik

Mit einem Geleitwort von

Wolfgang Apel,
Präsident des Deutschen
Tierschutzbundes e.V.

Schattauer Stuttgart New York

Prof. Dr. rer. nat. Dr. med. vet. habil. Winfried Ahne
Werner-Friedmann-Bogen 14
80993 München

Bibliografische Information der Deutschen Nationalbibliothek
Die Deutsche Nationalbibliothek verzeichnet diese Publikation in der Deutschen Nationalbibliografie; detaillierte bibliografische Daten sind im Internet über http://dnb.d-nb.de abrufbar.

E-Mail: info@schattauer.de
Internet: http://www.schattauer.de
Printed in Germany

Lektorat: Dr. med. vet. Marie Katrin Teltscher, Stuttgart
Umschlagabbildung: © Matthias Kulka, 40233 Düsseldorf
Satz: Satzstudio 90 (A. Kretschmer), Wittelsbacher Straße 18, 86556 Kühbach
Druck und Einband: AZ Druck und Datentechnik GmbH, Heisinger Straße 16, 87437 Kempten/Allgäu

ISBN 978-3-7945-2561-4

Geleitwort

Sind Tierversuche vertretbar? Bis vor einigen Jahren haben viele Menschen diese Frage umstandslos mit „ja“ beantwortet. Schließlich, so wurde argumentiert, seien Tierversuche doch wichtig für die Entwicklung und Prüfung von Medikamenten. Freilich, die Tiere müssten leiden, aber dies werde mit der Heilung menschlicher Krankheiten aufgewogen.

Heute wird diese Frage eher mit „nein“ oder zumindest doch mit einem nachdenklichen Wiegen des Kopfes beantwortet. Arzneimittelskandale, die mit Namen wie Vioxx®, Lipobay® oder TNG1412 verbunden sind, haben das Vertrauen der Öffentlichkeit in das „Dogma Tierversuch“ erschüttert. Tierversuche, so heißt es jetzt, bringen keine wirkliche Sicherheit und deshalb seien auch die Leiden der Tiere nicht, oder zumindest nicht mehr so ohne Weiteres, zu billigen.

Was dabei oft außer Acht gelassen wird: Selbst wenn die Ergebnisse von Tierversuchen sicher auf den Menschen übertragbar und medizinisch wertvoll wären, stellte sich die Frage, ob der Mensch Tiere überhaupt in dieser Weise instrumentalisieren darf. Tierversuche verbieten sich aber schon deshalb, weil die Wissenschaftler ebenso gut auf alternative bzw. tierversuchsfreie Forschungsverfahren zurückgreifen könnten.

An den Universitäten werden ständig neue Methoden entdeckt, um die Forschung ohne Tierleid weiter zu optimieren – nicht nur in der Biomedizin, sondern auch in anderen Bereichen. Eines dieser Verfahren ist der „Fischzell-Test“, den der Autor, Prof. Winfried Ahne, schon in den 80er Jahren entwickelt hatte. Damals war es in der Bundesrepublik noch zwingend vorgeschrieben, die Giftigkeit von Industrie-Abwässern in Versuchen mit Fischen zu ermitteln. Auf Basis der ermittelten „Fischgiftigkeit“ wurden dann die Abwassergebühren errechnet, die das Unternehmen zu entrichten hatte. Mehr als 50 000 Fische mussten so jedes Jahr sterben – nur um eine Gebühr zu bestimmen! Die Methode von Prof. Ahne wies den Weg, wie man die Giftigkeit von Abwässern zum Beispiel auch mit Fisch-Zellkulturen ermitteln kann, ohne dass Tiere sterben müssen.

In der Praxis eingesetzt werden solche Methoden aber nur dann, wenn sie von Politik und Wissenschaft ausdrücklich als praxistauglich anerkannt sind.

Die Akademie für Tierschutz in München-Neubiberg, die Forschungseinrichtung des Deutschen Tierschutzbundes, hat es sich unter anderem zur Aufgabe gemacht, solchen Ansätzen zum Durchbruch zu verhelfen. Gemeinsam mit anderen Instituten nahm sie sich auch dem Ersatz des Fischtestes zur Abwasserabgabenberechnung an. Diese Aktivitäten brachten Behörden und Unternehmen in Rechtfertigungsdruck. Zunächst wurde die Anzahl verwendeter Tiere drastisch reduziert und im Jahr 2002 schließlich auch ein Test mit Fischeiern in die Vorschriften zur Berechnung der Abwasserabgaben aufgenommen.

Es gibt schon sehr viele einsatzfähige Alternativen und in den Labors der Wissenschaftler ruhen noch unzählige Konzepte, die nur weiter entwickelt werden müssten. Oft sind die neuen, modernen Methoden den alten Tierversuchen sogar deutlich überlegen. Allerdings geht es beim Ersatz von Tierversuchen in der Regel nicht darum, das Tier in einem Experiment 1:1 gegen eine Zellkultur auszutauschen. Vielmehr geht es darum, insgesamt neue Wege in der Forschung zu beschreiten. Die biomedizinische Forschung beispielsweise muss mehr auf die Krankheitsvorsorge setzen oder auf epidemiologische Studien, die mit Computersimulationen, verschiedenen Zellverfahren und anderen Alternativmethoden übergreifend kombiniert werden.

In Deutschland steht der Tierschutz seit dem Jahr 2002 im Grundgesetz. Dies ist Bekenntnis und Verpflichtung zugleich, Tiere in besonderem Maße zu schützen und sie vor Leiden zu bewahren. In der Forschung kann dies in letzter Konsequenz nur den vollständigen Verzicht auf Tierversuche bedeuten. Mit dem Mut, in der Politik klare Tierversuchsverbote durchzusetzen, und dem Willen der Wissenschaftler, die neuen Wege ohne Tierleid aktiv mitzugestalten, ist dies keine Utopie, sondern ein Ziel, das im Interesse von Mensch und Tier erreicht werden kann und erreicht werden muss.

Winfried Ahne gewährt in dem vorliegenden Band Einblick in seinen umfangreichen Wissensschatz über Tierversuche und Alternativmethoden. Sachlich und ohne zu bevormunden, ordnet er die wissenschaftlichen Grundfragen ebenso wie die ethischen Erwägungsgründe zur Tierversuchsproblematik. Möge diese Bestandsaufnahme zur Entwicklung einer Forschungslandschaft beitragen, die Mensch und Tier gleichermaßen gerecht wird.

Im Februar 2007

Wolfgang Apel
Präsident des Deutschen
Tierschutzbundes e.V.

Vorwort

Das Verhältnis zum Tier hat die Menschheit in ihrer Geschichte nachhaltig beeinflusst. Das Tier als Hausgenosse, als Nahrungsquelle, als Opfergabe oder als Arbeitskraft führte zu einer ambivalenten Haltung des Menschen gegenüber seinen tierischen Mitgeschöpfen. Ethische und moralische Konflikte im Umgang mit Tieren gewannen erst nach der Aufklärung an Bedeutung und allmählich entwickelten sich tierschützerische Überlegungen, die den Anthropozentrismus in Frage stellten. Insbesondere wurden die Tierexperimente als eine wesentliche ethische Problematik erkannt.

Tierversuche werden heute in der Grundlagenforschung, im Bereich der Medizin und Pharmazie, in der Ökotoxikologie, in der Nahrungsmitteltechnologie sowie in der Entwicklung von neuen Produkten durchgeführt. Die Vorgehensweise bei den wissenschaftlichen Experimenten, bei der Testung von Arzneimitteln und Chemikalien sowie bei der Abschätzung schädlicher Einflüsse von natürlichen und synthetischen Rohstoffen hat seit jeher zu Meinungsverschiedenheiten und sogar zu heftigen Auseinandersetzungen in der Bevölkerung geführt. Philosophen, Ethiker und Tierschützer mahnen beständig zur ethischen Besinnung, rufen zur moralischen Orientierung und zur Beachtung bioethischer Grundsätze im Umgang mit den Tieren auf.

Die Bioethik, die sich von Platons idealistischer Ethik unterscheidet, hat ihre historischen Wurzeln in der antiken naturalistischen Ethik, die auf den griechischen Philosophen Aristoteles (384–322 v. Chr.) zurückgeht. Nach dem philosophischen Grundsatz soll der Mensch das „gute Leben" anstreben und ist dazu aufgefordert, sein Dasein nicht auf Kosten seiner Mitgeschöpfe und der Umwelt zu gründen. Dennoch werden bereits im alltäglichen Umgang die moralischen Rechte der Tiere häufig der Anthropozentrik geopfert. In Anbetracht der sittlich-moralischen Defizite bei der Behandlung von Tieren ist es die Aufgabe der Ethiker, das ethisch „Seinsollende" immer wieder anzumahnen.

Das moralische Verhalten stellt nach dem evolutionär geprägten Begründungsansatz der Bioethik eine Voraussetzung dar, um den Artenbestand und die Lebensgemeinschaften in einer intakten Umwelt sichern zu können. Sowohl Tiere als auch Menschen sind als gleichrangige Naturphänomene zu achten, sie alle haben ein Recht auf Leben, auf Integrität und auf ein individuelles Wohl.

Die Auseinandersetzung zwischen den Befürwortern und Gegnern von Tierversuchen hält an, häufig ist sie jedoch emotional überladen und wird deshalb nicht rational angemessen geführt. Ob Tierversuche prinzipiell ethisch vertretbar sind, wird kontrovers diskutiert. Vorgefasste Meinungen und Uneinsichtigkeiten auf beiden Seiten haben dazu geführt, dass sich im Laufe der Zeit die Fronten immer mehr verhärteten.

Die Frage nach dem Nutzen der Tierversuche sowohl in der Grundlagenforschung als auch in der angewandten Forschung birgt eine Ambivalenz, insbesondere hinsichtlich der präklinischen Testung von Arzneimitteln in der Pharmazie. Seit dem Contergan-Desaster Ende der 50er Jahre, bei dem etwa 6 000 Kinder verkrüppelt zur Welt kamen, wurden die Stimmen der Kritik immer lauter. Die sichtbar gewordenen Mängel der Prüfstrategien in der Pharmaindustrie schürten das generelle Misstrauen der Bevölkerung gegenüber dem wissenschaftlichen Wert von Tierversuchen in der Biomedizin. Dieses Misstrauen wurde durch die neueren Arzneimittel-Skandale (Vioxx©, Lipobay©, Benoxaprofen, TGN1412) verstärkt.

Von der Frühantike bis zum 19. Jahrhundert wurden dem Tierschutz und den Experimenten mit Tieren keine Beachtung geschenkt. Erst im Jahre 1822 wurde in England ein Tierschutzgesetz erlassen. 1933 folgte das deutsche Reichstierschutzgesetz. In der Bundesrepublik Deutschland sind Wissenschaftler seit eines in 1972 erlassenen Tierschutzgesetzes verpflichtet, nicht nur die wissenschaftliche Unerlässlichkeit eines Tierversuches zu begründen, sondern überdies das Versuchsvorhaben ethisch zu rechtfertigen. Das Gesetz verlangt außerdem, dass dort, wo es möglich ist, auf Alternativen zurückgegriffen wird. Allein in Deutschland werden jährlich mehr als zwei Millionen Versuchstiere „verbraucht"; die Tendenz ist, trotz aller Bemühungen Alternativmethoden zu entwickeln, weiterhin steigend.

Bei den genehmigungspflichtigen Versuchen mit Wirbeltieren muss eine Güterabwägung erfolgen, die sich an rationalen Normen orientieren soll und die sowohl aus den wissenschaftlichen als auch aus den ethischen Grundpositionen heraus akzeptabel erscheint. Hierbei ergibt sich jedoch oftmals eine Interessenskollision, wenn der Ruf nach Wissensvermehrung und der Förderung der menschlichen Gesundheit dem Wohlbefinden und der Integrität der Tiere gegenübersteht. Es ist deshalb die Aufgabe der Ethikkommissionen, bei derartigen Interessenskonflikten entsprechend ausgewogene Lösungsvorschläge zu unterbreiten.

Mit der Änderung des Artikels 20a des Grundgesetzes der Bundesrepublik Deutschland hat der Tierschutz einen Verfassungsrang erlangt. Dem Staatsziel Tierschutz müssen nunmehr sowohl die Politik als auch die Justiz in ihren Entscheidungen gerecht werden. Tierschützer mahnen jedoch an, dass sich die Tierversuchspraxis in Deutschland nicht wesentlich verbessert hat, sie fordern deshalb weiterhin die Einschränkung oder die völlige Abschaffung der Tierversuche.

Angesichts dieses aktuellen Spannungsfeldes zwischen der Tierversuchspraxis und der Bioethik ist eine kritische Bestandsaufnahme angezeigt. Viele der diskutierten Aspekte, Fakten und Stellungnahmen zu Tierversuchen wurden in dieser Abhandlung zusammengetragen und aus naturwissenschaftlicher, juridischer und philosophischer Perspektive beleuchtet. Das Buch ist ein Beitrag zur Förderung eines konsequenten Tierschutzes, dem das bioethische Prinzip zugrunde liegt.

Bedanken möchte ich mich herzlich bei Herrn Prof. Dr. Christian Kummer S.J., Hochschule für Philosophie, Philosophische Fakultät S.J., München, für wertvolle Diskussionen und sachliche Hinweise sowie bei der Akademie für Tierschutz des Deutschen Tierschutzbundes e.V. Mein Dank gilt auch Frau Dr. Marie Teltscher und Frau Eva Wallstein, Schattauer Verlag, Stuttgart, für die hervorragende Lektorierung, redaktionelle Betreuung und konstruktive Zusammenarbeit. Mein ausdrücklicher Dank gebührt nicht zuletzt Herrn Dieter Bergemann, der die Publikation der vorliegenden Abhandlung in seinem Verlag ermöglichte.

Im Februar 2007 **Winfried Ahne**

Inhalt

1 Vom Grausamkeitsverbot zum verfassungsrechtlichen Tierschutz

Chammurapi, der König von Babylon, hat im zweiten Jahrtausend v. Chr. im *Codex Chammurapi* festgelegt, dass derjenige dem Eigentümer eine Geldbuße zu entrichten habe, der dessen Haustieren einen Schaden zufügt. Das Gesetz stützt sich aber weniger auf den Schutz der Tiere, vielmehr stehen wirtschaftliche Interessen der Tierhaltung im Vordergrund. Salomo (965–926 v. Chr.), der König des Israel und Juda umfassenden Reiches, widmete dem Tierschutz bereits eine gewisse Beachtung – von ihm ist der Satz überliefert „der Gerechte erbarmt sich seines Viehs". Tierschutzähnliche Aspekte kommen auch in der alttestamentarischen israelischen Gesetzgebung (Mose 22, Vers 4) zum Ausdruck:

> *„Am siebten Tag sollen Ochs und Esel ruhen."* (zitiert nach Sambraus, 1997, S. 1–2)

Im späten Mittelalter hatte sich der Philosoph und Begründer der französischen Moraltheorie, Michael de Montaigne (1533–1592), gegen die Tierquälereien gewandt und forderte ein umfassendes Grausamkeitsverbot. Er hat somit eine geistige Grundlage für den Tierschutz geschaffen (Montaigne de, 1580).

Jeremy Bentham (1748–1832) war überzeugt, dass Tiere leiden können und Schmerzen empfinden. Er vertrat, dem utilitaristischen Hedonismus entsprechend, die Vergleichbarkeit von Tier und Mensch im Streben nach Lust, Leid- und Schmerzvermeidung. Er forderte, den Grundsatz „Gleiches gemäß seiner Gleichheit gleich zu bewerten und zu behandeln" auch auf die Tiere auszudehnen. Dieser Gleichheitsgrundsatz soll das Zufügen von Schmerzen und Leid bei Tieren ebenso wie bei Menschen in gleicher Weise verbieten (Bentham, 1780).

Immanuel Kant prangerte in der *Metaphysik der Sitten* die menschliche Verrohung an, die infolge von Misshandlungen der Tiere entsteht, und er forderte, dass *„martervolle, physische Versuche, zum bloßen Zweck der Spekulation, wenn auch ohne sie der Zweck erreicht werden könne, zu verabscheuen"* seien (Kant, 1797, § 17 Tugendlehre, S. 578f.).

In Deutschland wurde im 18. Jahrhundert der Tierquälerei von Seiten der Justiz erstmals Beachtung geschenkt, indem die juristische Fakultät in Leipzig zwei Urteile wegen Tierquälerei aussprach. Der pietistische Stuttgarter Pfarrer Christian Adam Dann forderte 1822 nicht nur die Tierquälereien, sondern auch die Tierversuche zu unterlassen, wenn das gleiche Ziel mit menschlichen Leichen zu verwirklichen sei (Kolar, 2000, S. 228). Dies ist insbesondere deshalb bemerkenswert, weil die Kirche damals das Sezieren von Leichen zu Forschungswecken strikt verboten hatte.

In Europa setzte die Tierschutzbewegung erst im 19. Jahrhundert ein. 1822 wurde das erste Tierschutzgesetz in England erlassen. Dieses Gesetz verfolgte das Ziel, die sittliche Reife des Menschen durch Mitleid mit den Tieren zu fördern. Seit 1876 sind Tierexperimente in England durch den *Cruelty to Animal Act* nicht mehr der Willkür ausgesetzt (Hackbarth et al., 1995, S. 9–18).

1838 wurde in Sachsen erstmals ein definitives Gesetz zum Schutz der Tiere erlassen. 1933 trat das Reichstierschutzgesetz in Kraft, es folgte im Jahre 1972 das Tierschutzgesetz der Bundesrepublik Deutschland. Dieses Gesetz wurde in den Jahren 1986/1987, 1993 sowie 1998 novelliert. Das deutsche Tierschutzgesetz berücksichtigt weitgehend ethische Aspekte und beruft sich auch auf die Mitgeschöpflichkeit der Tiere, woraus im christlichen Sinne eine besondere Verantwortung des Menschen für die Tiere abgeleitet wird. Dennoch darf nicht übersehen werden, dass auch dieses Gesetz immer noch einen gewissen Anthropozentrismus reflektiert (Irrgang, 2000, S. 561–567).

1.1 Tierschutz als Staatsziel

In Deutschland forderten die Tierschützer immer wieder, den Schutz der Tiere als Staatsziel im Grundgesetz zu verankern. Diese Forderung, die auch von einem großen Teil der Bevölkerung getragen wurde, führte jedoch zunächst nur zu heftigen Auseinandersetzungen zwischen Forschungsinstitutionen, Politikern, Juristen und Tierschützern.

Verfassungsexperten stellten fest, dass der Tierschutz ein Fremdkörper in einer auf die Rechte des Menschen ausgerichteten Verfassung sei. Die Juristen sahen eine Lawine von Rechtsstreitigkeiten voraus.

Bei den christlichen Unionsparteien wurden Stimmen laut, die sich auf den biblischen Herrschaftsauftrag des Menschen über die Tiere beriefen (Genesis 1/2) und mahnten das Recht des Menschen, die Tiere für seine Zwecke zu nutzen, an.

Befürchtungen wurden geäußert, dass die verfassungsrechtliche Aufwertung des Tierschutzes die Freiheit der Forschung (GG, Art. 5 III, 2003, S. 15) untergrabe. Der Forschung müsse generell ein höherer Stellenwert eingeräumt werden als dem Wohl der Tiere. Schließlich müsse man auch dem internationalen wissenschaftlichen Wettbewerb Rechnung tragen. Daher war es auch kein Zufall, dass die professionellen Forschungsgesellschaften in Deutschland sich bis zuletzt gegen die Verfassungsänderung gesträubt hatten. So sprach sich z. B. die *Arbeitsgemeinschaft Hochschulmedizin des Deutschen Hochschulverbandes* gegen die Staatszielbestimmung des Tierschutzes mit der Begründung aus, dass die wissenschaftliche Forschung an und mit Tieren, die im Rahmen des geltenden Rechts durchgeführt wird, ethisch nicht nur vertretbar, sondern zwingend geboten sei. Hierzu äußerte sich der Tiermediziner Jörg Luy im Deutschen Ärzteblatt:

> *„Möglicherweise sind die unterzeichnenden Naturwissenschaftler tatsächlich überzeugt von der moralischen Integrität, die sie pauschal jeder legalen wissenschaftlichen Forschung an und mit Tieren unterstellen. Aus Sicht der Ethik stellt sich jedoch die medizinische Forschung, selbst bei einer Begrenzung des Problems auf die vernünftig begründeten und lege artis durchgeführten Tierversuche, differenzierter dar. Erstens ist nicht wirklich alles, was zum wissen-*

schaftlichen Erkenntnisgewinn Tieren derzeit ‚im Rahmen des geltenden Rechts' zugemutet wird ‚ethisch vertretbar'. Wäre dem so, würden die Forscher eine Staatszielbestimmung Tierschutz kaum fürchten. (…). Zweitens verhält es sich so, dass juristische Normen aus ethischen abgeleitet werden, und nicht umgekehrt. Das bedeutet: Alles, was moralisch nicht vertretbar ist, sollte auch verboten sein." (Luy, 2002, S. 1639)

Ein Leserbrief im Deutschen Ärzteblatt konterkarierte Luys Ansichten:

> „*Bei dieser Einstellung des Autors, der übrigens Arbeitnehmer einer tierschutznahen Stiftung ist, ist es nicht erstaunlich, dass er die Aufnahme des Tierschutzes in das Grundgesetz positiv sieht. Dass diese populistische Entscheidung im Deutschen Ärzteblatt begrüßt wird, ist sehr bedauerlich, denn diese Maßnahme wird zur weiteren Behinderung der biomedizinischen Forschung in Deutschland führen.*" (Kuschinsky, 2002, S. 2404)

Nach zahlreichen Stellungnahmen, Anhörungen und abschließenden Debatten wurde schließlich der Tierschutz (neben dem Umweltschutz) im Artikel 20a des Grundgesetzes der Bundesrepublik Deutschland verankert:

> „*Der Staat schützt auch in Verantwortung für die künftigen Generationen die natürlichen Lebensgrundlagen und die Tiere im Rahmen der verfassungsmäßigen Ordnung durch die Gesetzgebung und nach Maßgabe von Gesetz und Recht durch die vollziehende Gewalt und die Rechtsprechung.*" (GG, Art. 20a, 2003, S. 23)

Der Artikel 20a des GG (*Schutz der natürlichen Lebensgrundlagen und der Tiere*) ist durch die Gesetzesänderung am 26. Juli 2002 lediglich durch die drei Worte „und die Tiere" ergänzt worden. Die Deutsche Forschungsgemeinschaft, die Helmholtz-Gemeinschaft und die Max-Planck-Gesellschaft hatten zur Verteidigung der Wissenschaftsfreiheit bis zuletzt in einer gemeinsamen Aktion für die Aufnahme der Formulierung „einschließlich" an Stelle des „und" plädiert. Die Formulierung „einschließlich" hätte jedoch im juristischen Sinne die Tiere als *Lebensgrundlagen* definiert und somit wäre man der gewohnten Anthropozentrik bei Tierversuchsvorhaben weiterhin entgegengekommen.

Die Staatszielbestimmung Tierschutz fordert nunmehr eine verfassungsrechtliche Wertentscheidungsfindung beim Umgang mit Tieren, die in der Politik und der Justiz Beachtung finden muss. Es wird aber im Tierschutzbericht der Bundesrepublik Deutschland auch explizit auf gewisse Einschränkungen hingewiesen:

> „*Aus einer Staatszielbestimmung können die Bürger allerdings keine individuellen Ansprüche herleiten. Weiter verpflichtet eine Staatszielbestimmung nicht*

> *zu unbedingter Beachtung, also in diesem Fall zu einem unbegrenzten Tierschutz. Vielmehr ist jeweils ein Ausgleich mit anderen Verfassungsgütern herzustellen.*" (Tierschutzbericht der BRD, 2005)

Auch beteuert die Bundesregierung stets, dass sie das Ziel verfolge, ein hohes Tierschutzniveau in Deutschland zu gewährleisten und dieses weiter zu entwickeln:

> „*Als eigener Arbeitsauftrag betrifft dies nicht nur die Rechtsetzung und die angemessene Berücksichtigung des Tierschutzes bei der Abwägung mit anderen Rechtsgütern, sondern schließt auch die finanzielle Unterstützung tiergerechter Haltungsformen, die Forschungsförderung und ein intensives Engagement auf europäischer und internationaler Ebene mit ein.*" (Tierschutzbericht der BRD, 2005)

Durch die Aufnahme des Artikels 20a in das Grundgesetz soll der schrankenlosen Freiheit der Wissenschaft gewisse Grenzen gesetzt werden. Allerdings hat eine Analyse der Akademie für Tierschutz des Deutschen Tierschutzbundes e.V. ergeben, dass sich das Staatsziel Tierschutz nicht wesentlich auf die Praxis der Genehmigung von Tierversuchen ausgewirkt hat.

> „*In der Praxis hat sich seit 2002 wenig, wenn nicht gar nichts, geändert.*" (Kolar, 2005, S. 8)

Es ist aber nicht zu leugnen, dass auch erste Erfolge zu vermelden sind. Mit einem Beschluss des Hessischen Verwaltungsgerichtshofs (Az 11 ZU 3040/03) wurde erstmals ein Tierversuch unter Hinweis auf das Staatsziel Tierschutz mit der Begründung untersagt, dass die Durchführung des betroffenen Tierversuchprojektes nicht notwendig und ethisch nicht vertretbar sei (Anonymus, 2004, S. 248).

1.2 Tierschutzgesetz der Bundesrepublik Deutschland

Das Tierschutzgesetz (TierSchG) aus dem Jahre 1972 ist das einzig ethisch begründete Gesetz der Bundesrepublik Deutschland, es unterliegt jedoch als Rechtsmaterie dem Verwaltungsrecht. Das TierSchG soll dazu beitragen, dass die Tiere *„effektiver als bislang geschützt werden, ohne Wissenschaft und Forschung übermäßig einzuschränken"* (Heine, 2000, S. 570).

Die im TierSchG aufgeführten Regelungen sollen auch dahingehend wirken, dass die puren anthropozentrischen Interessen sowohl in ökonomischer als auch in wissenschaftlicher Hinsicht begrenzt werden. Nach Nida-Rümelin und v. d. Pfordten stützen sich die Begrenzungen menschlicher Interessen auf folgende vier ethische Rechtfertigungsstränge:

> *„Ein religiös-schöpfungstheologischer; ein auf Leiden und Schmerzen der Tiere Rücksicht nehmender folgeorientierter; einer, der im Anschluss an Kant menschliche Verrohung durch eine grausame Behandlung der Tiere vermeiden will, und schließlich ein auf den Menschen bezogener, weitsichtig-egoistischer, der mit dem Wohlergehen der Tiere langfristige menschliche Interessen sichern will."* (Nida-Rümelin & von der Pfordten, 1996, S. 485)

Das Tierschutzgesetz umfasst Vorschriften zur Tierhaltung (§§ 2 u. 3), zur Tötung von Tieren (§ 4), für Eingriffe an Tieren (§§ 5, 6 u. 10), zu Versuchen an Tieren (§§ 7 bis 9), zur Zucht, Haltung und Handel von und mit Tieren (§§ 11 bis 13), zur Durchführung des Gesetzes (§§ 14 bis 16) sowie Straf- und Bußgeldvorschriften (§§ 17 bis 20). Verschiedene Artikel wurden in den Jahren 2001 (Art. 2G, Art. 191 V, § 11b Abs. 2, § 18 Abs. 3, § 143 Abs. 1) 2002 (§ 12 Abs. 2), 2003 (§§ 4b u. 13 Art. 153 V) und 2004 (BverfGE) geändert bzw. ergänzt. Die aktuelle Fassung findet sich im BGBL. I 2005 S. 1666 vom 1. Juli 2005 (www.bundestag.de).

Mit der Gesetzesnovellierung aus dem Jahre 1987 fand auch die Bezeichnung *Mitgeschöpflichkeit* Eingang in das TierSchG (§ 1), wodurch ein Bezug zur biblischen Schöpfungstheologie hergestellt wurde. Diese nicht unproblematische Assoziierung in diesem Gesetz soll die Menschen zu christlich-ethischen und moralischen Grundsätzen beim Umgang mit den Tieren verpflichten:

> „*Zweck dieses Gesetzes ist es, aus der Verantwortung des Menschen für das Tier als Mitgeschöpf dessen Leben und Wohlbefinden zu schützen. Niemand darf einem Tier ohne vernünftigen Grund Schmerzen, Leiden oder Schäden zufügen.*" (§ 1 TierSchG)

Das in § 1 TierSchG genannte Verbot der Zufügung von Schmerzen, Leiden oder Schäden stellt allerdings ein moralisch schwaches Prinzip dar, das durch einen „vernünftigen" Grund aufgehoben werden kann. Es handelt sich deshalb nur um ein *Prima-facie*-Prinzip, das allen inhaltlichen Moralprinzipien zukommt, die Ausnahmen in begründeten Fällen zulassen. Die Gegebenheiten, die diese Ausnahmen zulassen, können „*beliebige zweckrationale Gründe sein, während man annehmen würde, dass Ausnahmen von einem Moralprinzip nur mit moralisch relevanten Gründen gerechtfertigt werden können*" (Wolf, 1997, S. 49). Da nicht garantiert ist, dass für die Ausnahmeregelungen die Moralprinzipien überwiegen, müssten der Ausnahmeklausel zwingendere ethische Begründungen abverlangt werden.

Nach Nida-Rümelin und von der Pfordten ist die, im § 1 TierSchG enthaltene Formulierung *vernünftiger Grund* nicht nur unpassend, sondern weist auch eine partielle Tautologie auf:

> „ *(...) die Aufforderung eines Grundes für ein Verhalten impliziert schon eine gewisse Vernünftigkeit, ganz gleich worin diese auch bestehen mag.*"
> (Nida-Rümelin & von der Pfordten, 1996, S. 495)

Ein *vernünftiger Grund* muss insbesondere dann in Frage gestellt werden, wenn die Begründung für ein Versuchsvorhaben wissenschaftlich ungenügend fundiert und ethisch nicht ausgewogen ist. In jedem Falle muss eine umfassende Güterabwägung vor der Durchführung eines Tierversuches erfolgen. Es ist die Aufgabe der Tierschutzbeauftragten und der Ethikkommission, das Vorhaben sowohl wissenschaftlich als auch unter ethischen Gesichtspunkten kritisch zu evaluieren. Dabei muss nicht nur festgestellt werden, ob der Tierversuch nach dem aktuellen Wissensstand sich als unerlässlich erweist, sondern ob dieser im Hinblick auf die angestrebten Ergebnisse auch ethisch vertretbar ist. Hierbei sind sämtliche mit dem Tierversuch verbundenen Fakten, wie z. B. die eingesetzte Tierart, die Anzahl der Tiere, die Haltungsbedingungen bis hin zum Versuchsende, aber auch die Versuchsvorbereitung sowie die Anästhesie und Analgesie, zu hinterfragen. Die ethische Abwägung eines Tierversuches soll verhindern, dass dem Wohlergehen der Tiere gegenüber der Forschung generell ein niederer Rang eingeräumt wird.

Nach Art. 5 Abs. 3 des Grundgesetzes sind Kunst und Wissenschaft, Forschung und Lehre frei (GG, 2003, S. 15). Eine rechtliche Verpflichtung, auf Tierversuche in der Wissenschaft zu verzichten, besteht grundsätzlich nicht. Das Bundesverfassungsgericht hat sich zum ethisch ausgerichteten Tierschutz dahingehend geäußert, dass *„ethische Grundsätze und wissenschaftliche sowie wirtschaftliche Erfordernisse miteinander in Einklang zu bringen"* seien (BverfGE 48, 376). Dieses Gericht hat in einer Rechtsprechung weiterhin festgelegt, dass *„nur kollidierende Grundrechte Dritter und andere mit Verfassungsrang ausgestattete Rechtswerte"* Grenzen setzen können (BverfGE 28, 262). Obwohl seit 1990 die Tiere nach dem BGB nicht mehr als Sache gelten, dominiert nach wie vor das Grundrecht der Forschungsfreiheit über dem Tierschutz (Heine, 2000, S. 569–570).

Tierversuche an Wirbeltieren sind nach dem TierSchG grundsätzlich genehmigungspflichtig und dürfen nur durchgeführt werden, wenn sie einen wichtigen wissenschaftlichen oder medizinischen Nutzen für den Menschen oder für die Tiere erkennen lassen:

> *„Versuche an Wirbeltieren dürfen nur durchgeführt werden, wenn die zu erwarteten Schmerzen, Leiden oder Schäden der Versuchstiere im Hinblick auf den Versuchszweck ethisch vertretbar sind. Versuche an Wirbeltieren, die zu länger anhaltenden oder sich wiederholenden erheblichen Schäden oder Leiden führen, dürfen nur durchgeführt werden, wenn die angestrebten Ergebnisse vermuten lassen, dass sie für wesentliche Bedürfnisse von Mensch und Tier einschließlich der Lösung wissenschaftlicher Probleme von hervorragender Bedeutung sein werden."* (§ 7 Abs. 4/3 TierSchG)

Exkurs: gekürzte Auszüge aus dem vierten Abschnitt deutsches Tierschutzgesetz

§ 5 Eingriffe an Tieren

An einem Wirbeltier darf ohne Betäubung ein mit Schmerzen verbundener Eingriff nicht vorgenommen werden. Die Betäubung warmblütiger Wirbeltiere ist von einem Tierarzt vorzunehmen.

§ 7 Tierversuche

(1) Tierversuche im Sinne des Gesetzes sind Eingriffe oder Behandlungen zu Versuchszwecken

1. an Tieren, wenn sie mit Schmerzen, Leiden oder Schäden für diese Tiere oder
2. am Erbgut von Tieren, wenn sie mit Schmerzen, Leiden oder Schäden für die erbgutveränderten Tiere oder deren Trägertiere verbunden sein können.

(2) Tierversuche dürfen nur durchgeführt werden, soweit sie zu einem der folgenden Zwecke unerlässlich sind:

1. Vorbeugen, Erkennen oder Behandeln von Krankheiten, Leiden, Körperschäden oder körperlicher Beschwerden oder Erkennen oder Beeinflussen physiologischer Zustände oder Funktionen bei Mensch und Tier,
2. Erkennen von Umweltgefährdungen,
3. Prüfung von Stoffen oder Produkten auf ihre Unbedenklichkeit für die Gesundheit von Mensch oder Tier oder auf ihre Wirksamkeit gegen tierische Schädlinge,
4. Grundlagenforschung.

Bei der Entscheidung, ob Tierversuche unerlässlich sind, ist insbesondere der jeweilige Stand der wissenschaftlichen Erkenntnisse zugrunde zu legen und zu prüfen, ob der verfolgte Zweck nicht durch andere Methoden oder Verfahren erreicht werden kann.

(3) Versuche an Wirbeltieren dürfen nur durchgeführt werden, wenn die zu erwartenden Schmerzen, Leiden oder Schäden der Versuchstiere im Hinblick auf den Versuchszweck ethisch vertretbar sind. Versuche an Wirbeltieren, die zu länger anhaltenden oder sich wiederholenden erheblichen Schmerzen oder Leiden führen, dürfen nur durchgeführt werden, wenn die angestrebten Ergebnisse vermuten lassen, dass sie für wesentliche Bedürfnisse von Mensch und Tier einschließlich der Lösung wissenschaftlicher Probleme von hervorragender Bedeutung sein werden.

(4) Tierversuche zur Entwicklung oder Erprobung von Waffen, Munition und dazugehörigem Gerät sind verboten.

(5) Tierversuche zur Entwicklung von Tabakerzeugnissen, Waschmitteln und Kosmetika sind grundsätzlich verboten. Das Bundesministerium wird ermächtigt, durch Rechtsverordnung mit Zustimmung des Bundesrates, im Falle von Kosmetika im Einvernehmen mit dem Bundesministerium für Gesundheit, Ausnahmen zu bestimmen, soweit es erforderlich ist, um

1. konkrete Gesundheitsgefährdungen abzuwehren, und die notwendigen neuen Erkenntnisse nicht auf andere Weise erlangt werden können, oder
2. Rechtsakte der Europäischen Gemeinschaft durchzuführen.

§ 8 Genehmigung, Anzeigen von Tierversuchen, Tierschutzbeauftragter

(1) Wer Versuche an Wirbeltieren durchführen will, bedarf der Genehmigung des Versuchsvorhabens durch die zuständige Behörde.

(2) Der Antrag auf Genehmigung eines Versuchsvorhabens ist schriftlich bei der zuständigen Behörde einzureichen (…).

§ 8a

(1) Wer Tierversuche an Wirbeltieren, die nicht der Genehmigung bedürfen, oder an Cephalopoden oder Dekapoden durchführen will, hat das Versuchsvorhaben spätestens zwei Wochen vor Beginn der zuständigen Behörde anzuzeigen. Die Frist braucht nicht eingehalten zu werden, wenn in Notfällen eine sofortige Durchführung des Tierversuchs erforderlich ist; die Anzeige ist unverzüglich nachzuholen. Die in Satz 1 genannte Frist

kann von der zuständigen Behörde bei Bedarf auf bis zu vier Wochen verlängert werden (…).

§ 8b

(1) Träger von Einrichtungen, in denen Tierversuche an Wirbeltieren durchgeführt werden, haben einen oder mehrere Tierschutzbeauftragte zu bestellen und die Bestellung der zuständigen Behörde anzuzeigen. In der Anzeige sind auch die Stellung und die Befugnisse des Tierschutzbeauftragten nach Absatz 6 Satz 3 anzugeben.

(2) Zum Tierschutzbeauftragten können nur Personen mit abgeschlossenem Hochschulstudium der Veterinärmedizin, Medizin oder Biologie – Fachrichtung Zoologie – bestellt werden. Sie müssen die für die Durchführung ihrer Aufgaben erforderlichen Fachkenntnisse und die hierfür erforderliche Zuverlässigkeit haben. Die zuständige Behörde kann im Einzelfall Ausnahmen von Satz 1 zulassen (…).

§ 9 Durchführung von Tierversuchen

(1) Tierversuche dürfen nur von Personen durchgeführt werden, die die dafür erforderlichen Fachkenntnisse haben. Tierversuche an Wirbeltieren, ausgenommen Versuche nach § 8 Abs. 7 Nr. 2, dürfen darüber hinaus nur von Personen mit abgeschlossenem Hochschulstudium der Veterinärmedizin oder der Medizin oder von Personen mit abgeschlossenem naturwissenschaftlichem Hochschulstudium oder von Personen, die aufgrund einer abgeschlossenen Berufsausbildung nachweislich die erforderlichen Fachkenntnisse haben, durchgeführt werden. Tierversuche mit operativen Eingriffen an Wirbeltieren dürfen nur von Personen mit abgeschlossenem Hochschulstudium

1. der Veterinärmedizin oder Medizin oder
2. der Biologie – Fachrichtung Zoologie –, wenn diese Personen an Hochschulen oder anderen wissenschaftlichen Einrichtungen tätig sind, durchgeführt werden. Die zuständige Behörde lässt Ausnahmen von den Sätzen 2 und 3 zu, wenn der Nachweis der erforderlichen Fachkenntnisse auf andere Weise erbracht ist (…).

§ 10 Eingriffe und Behandlungen zur Aus-, Fort- oder Weiterbildung

(1) Zur Aus-, Fort- oder Weiterbildung dürfen Eingriffe oder Behandlungen an Tieren, die mit Schmerzen, Leiden oder Schäden verbunden sind, nur durchgeführt werden

1. an einer Hochschule, einer anderen wissenschaftlichen Einrichtung oder einem Krankenhaus oder
2. im Rahmen einer Aus-, Fort- oder Weiterbildung für Heilhilfsberufe oder naturwissenschaftliche Hilfsberufe.

   Sie dürfen nur vorgenommen werden, soweit ihr Zweck nicht auf andere Weise, insbesondere durch filmische Darstellung, erreicht werden kann (…).

2 Versuchstiere

In der Grundlagen- und biomedizinischen Forschung werden spezifizierte „Tiermodelle“ (z. B. Tiere, deren Anatomie, Physiologie und Genetik bekannt sind) bevorzugt als Versuchstiere eingesetzt. Den größten Teil der Versuchstiere für die Forschung stellen hier die Nagetiere (Mäuse, Ratten, Meerschweinchen, Hamster) sowie Hasenartige (Kaninchen). Die am weitesten verbreiteten „Tiermodelle“ sind nach wie vor Mäuse (*Mus musculus*) und Laborratten (*Rattus norvegicus*).

Die für die Forschung in großem Maßstab gezüchteten Labortiere entstammen meistens kommerziellen Zuchtbetrieben. Die Tiere müssen gesundheitlichen und genetischen Standards genügen. Vielfach werden auch „SPF-Tiere“ (specific pathogen free – Tiere, bei denen die Freiheit von spezifischen Krankheitserregern garantiert wird) angeboten. Die Zucht der Versuchstiere ist in § 11 TierSchG geregelt.

Die Aussagekraft eines Tierversuches ist nicht allein davon abhängig, ob eine Versuchstierart gesund und für einen bestimmten Tierversuch genetisch, physiologisch und morphologisch geeignet ist, sondern die Versuchsergebnisse werden auch von der Haltung der Tiere vor und während des Versuches beeinflusst.

Oftmals stellen die Experimentatoren ein „irrationales“ und „unökonomisches“ Verhalten der Versuchstiere fest. Dies zeigt sich z. B. bei Versuchen, in denen die Versuchstiere zwischen zwei „Belohnungstasten“ wählen können. Wenn man den Tieren während dieses Wahlversuches eine Taste für die Freigabe von Leckerbissen und eine für die gewöhnliche Nahrung als Belohnung anbietet, drücken z. B. Affen oder Ratten oftmals die Taste, die die weniger attraktive Nahrung freigibt. Eine mögliche Erklärung dafür wäre, dass die Prägung auf die tägliche Nahrung über die zu erwartende „rationale“ Entscheidung für die Leckerbissen obsiegt. Diese (und möglicherweise auch andere) Assoziationsfelder der Versuchstiere können die Ergebnisse von Tierexperimenten stark beeinflussen und spiegeln dann nicht die erhofften kausalen Zusammenhänge und Folgerungen aus dem Versuch wider.

Nach Empfehlungen der Organisation für wirtschaftliche Zusammenarbeit und Entwicklung (OECD, 1960) muss für jede Tierart die *Good Laboratory Practice* eingehalten werden, damit eine Vergleichbarkeit der Ergebnisse aus unterschiedlichen Tierversuchen ermöglicht wird. Die Beachtung der OECD-Parameter gilt als eine der Grundvoraussetzungen für den erfolgreichen Einsatz der Labortiere in der Grundlagen- und biomedizinischen Forschung.

Zur Qualitätskontrolle der Versuchstiere muss routinemäßig ein Gesundheitsüberwachungssystem, basierend auf der Maßgabe der *Federation of European Laboratory Animal Science Association*, durchgeführt werden. Die obligatorischen Health-Monitoring-Programme beinhalten mikrobiologische (bakteriologische, virologische), parasitologische und pathologische Untersuchungen. Zur Überprüfung der genetischen Konstitution von Inzucht-, Hybrid- oder immundefizienten Mäusen und Ratten orientiert man sich an biochemischen, immunologischen und gentechnischen Markern.

Als „Research Models“ werden auch zertifizierte transgene Tiere, (das sind Tiere, deren Erbanlagen fremde, aus einem anderen Organismus stammende Gene enthalten) für Versuche im Handel angeboten. Durch die Fremdgene erhalten die Tiere Eigenschaften, die neue experimentelle Möglichkeiten mit diesen Tieren eröffnen. Zahlreiche Firmen, wie z. B. die *Charles River Laboratories* in den USA und in Großbritannien, haben sich auf die „Auftragszucht“ transgener Mäuse in abgeschlossenen Sicherheitstrakten (S1-Isolatoren) spezialisiert. Dort werden zahlreiche transgene Mauslinien für bestimmte Versuchsvorhaben kreiert und auch auf Anfragen gezielt gezüchtet. Für die Krebsforschung sind z. B. Mäuse mit Papillomen (Onkogen-Maus Zeta-Globin/v-Ha-ras), mit Mamma- und Speicheldrüsenkarzinomen (Onkogen-Maus MMTV/v-Ha-ras), mit Prä-B-Zell-lymphoblastischen Lymphomen (Onkogen-Maus Ig enh/c-mxc) oder mit Mamma-Adenokarzinomen (Onkogen-Maus MMTV/c-myc) im Handel.

Der § 11b TierSchG verbietet es, Wirbeltiere zu züchten oder durch bio- oder gentechnische Maßnahmen so zu verändern, wenn damit gerechnet werden muss, dass bei der Nachzucht, den bio- oder gentechnisch veränderten Tieren selbst oder deren Nachkommen erblich bedingt Körperteile oder Organe für den artgemäßen Gebrauch fehlen, untauglich oder umgestaltet sind und hierdurch Schmerzen, Leiden oder Schäden auftreten. Bemerkenswert ist jedoch, dass das Verbot derartiger „Qualzuchten“ nicht auf die Wirbeltiere zutrifft, die durch Züchtung oder bio- und gentechnische Maßnahmen verändert werden, wenn sie für wissenschaftliche Zwecke notwendig sind (§ 11b Abs. 4 TierSchG).

Neben den „zweckgezüchteten“ Tieren werden auch „Wildfänge“ (Fische, Amphibien, Reptilien, Vögel und Säugetiere, darunter verschiedene Affenarten) für Versuche eingesetzt. Groß angelegte Fangstrategien der Wildtiere gehen oft auch mit der Beeinträchtigung oder Zerstörung der Lebensräume der Tiere und Pflanzen einher. Die illegale Entnahme gefährdeter Tierarten versucht man durch das Washingtoner Artenschutzabkommen (*Convention on International Trade in Endangered Species, CITES*) aus dem Jahre 1973 zu kontrollieren, vielfach wird aber dieses Übereinkommen umgangen oder ignoriert. Der Handel mit gefährdeten und geschützten Tierarten, z. B. mit Menschenaffen, ist ein sehr lukratives Geschäft. Für Menschenaffenbabys werden auf dem grauen Markt bis zu 130 000 US-Dollar geboten. In Nigeria ist z. B. der Handel mit geschützten Tieren Alltag. Auf dem Markt von Abuja findet man in verwahrlosten Käfigen, in Kisten oder in Plastikbehältern vielfach Schimpansenbabys, die auf ihre Käufer warten. Allein in der Republik Kongo werden schätzungsweise 3 000 Schimpansen jährlich von Wilddieben erbeutet.

Der soziale Zusammenhalt der afrikanischen Menschenaffen ist normalerweise sehr stark ausgeprägt. Angegriffene Schimpansengruppen verteidigen sich und ihre Jungen bis zum letzten Blutstropfen. Die Alttiere werden von den Wilddieben erlegt und ihr Fleisch bringt als begehrtes „Bush-meat" hohe Gewinne. Affenfleisch ist bei der heimischen Bevölkerung sehr beliebt, auch die Küchenchefs der Touristencamps haben „Bush-meat" auf der Speisekarte. Die eingefangenen Babys und Jungtiere werden auf den Tiermärkten angeboten. Dort werden sie direkt verkauft oder sie gelangen in Kisten verpackt zu den sogenannten Menschenaffenstationen. Von dort werden die Affenkinder über weite Strecken zu den Versuchslaboratorien ins ferne Ausland transportiert, wo sie häufig tot oder in einem erbärmlichen Zustand ihre Endstation erreichen.

Beim Import wilder Versuchstiere läuft man immer Gefahr, dass Krankheitserreger als „blinde Passagiere" eingeschleppt werden. Insbesondere die enge biologische Verwandtschaft zwischen Affe und Mensch macht es z. B. exotischen Viren leicht, die Artengrenze zu überspringen. Ein berüchtigtes Beispiel ist das mit Affen eingeschleppte Marburg-Virus. 1967 hatten die Behringwerke in Marburg Grüne Meerkatzen (*Cercopithecus aethiops*) für Forschungszwecke aus Afrika importiert. Die Affen wurden tiermedizinisch untersucht und als frei von Krankheitserregern befunden. Etwa zwei Wochen nach der Einlieferung der Affen breitete sich unter dem Laborpersonal heftiges Fieber aus, kurz darauf starben sieben Institutsmitglieder. Nach langwierigen Untersuchungen konnte ein Filovirus, mit dem die Meerkatzen klinisch inapparent infiziert waren, als Erreger identifiziert werden. Das Virus wurde unter dem Namen „Marburg-Virus" berühmt (Modrow et al., 2003, S. 306).

Basierend auf der Argumentation, dass in vielen Fällen eine Krankheitsursache infolge der komplexen physiologischen Zusammenhänge nur *in vivo* (im lebenden Organismus) erforscht werden könne, wird ein Tierversuch gegenüber einer In-vitro-Methode (im Reagenzglas) oft als ethisch gerechtfertigt angesehen. Die Verwendung einer in der *Scala naturae* höher stehenden Tierart für einen Tierversuch wird als ein größeres Übel gewertet, als die Einbeziehung einer evolutionär niedriger stehenden Art:

> *„Lässt die Fragestellung es zu, dann werden Wirbellose vor Wirbeltieren und hier Kaltblüter vor Warmblütern, schließlich Mäuse und Ratten vor Meerschweinchen und Kaninchen, diese vor landwirtschaftlichen Nutztieren und diese vor Katzen, Hunden und Affen in Tierversuchen eingesetzt. Diese Reihenfolge entspricht den unterschiedlichen Schuldempfindungen der Öffentlichkeit und der meisten Experimentatoren bei der Nutzung von Tieren verschiedener Spezies."* (Gärtner, 2000, S. 568)

Seit Januar 1989 besteht aufgrund der Versuchstiermeldeverordnung in Deutschland die gesetzliche Verpflichtung, im jährlich zu erstellenden Tierschutzberichten die Anzahl der in Deutschland eingesetzten Versuchstiere auszuweisen. Entsprechende Statistiken, die jedoch nur Wirbeltiere enthalten, werden jeweils vom Bundesministerium für Verbraucherschutz, Ernährung und Landwirtschaft veröffentlicht. Die Bundesregierung ist verpflichtet, den Bundestag im zweijährigen Rhythmus über den Entwicklungsstand des Tierschutzes und über die in Deutschland verwendeten Arten und Anzahl der Versuchstiere zu unterrichten. Aus diesen Tierschutzberichten ist zu entnehmen, dass die genehmigungspflichtigen Versuche mit Wirbeltieren für Projekte, die keinen direkten Nutzen für Mensch, Tier und Umwelt erkennen lassen, eine steigende Tendenz aufzeigen.

Ein Großteil der Wirbeltiere, die in den Laboratorien sterben (z. B. bei der Zucht, während der Vorratshaltung), werden jedoch im Tierversuchsbericht nicht erwähnt. Auch bei der Erzeugung transgener Tiere werden nur die Tiere statistisch erfasst, an denen direkt Eingriffe oder Behandlungen vorgenommen wurden, jedoch nicht die Tiere, die infolge der genetischen Manipulation sterben. In Experimenten eingesetzte wirbellose Tiere müssen zwar der zuständigen Landesbehörde angezeigt werden, sie erscheinen jedoch nicht in der Statistik.

Laut Tierschutzbericht 2005 (Anhang 7) der Bundesrepublik Deutschland wurden 2003 insgesamt 2 112 341 Wirbeltiere zu wissenschaftlichen Zwecken in Deutschland eingesetzt. Im Einzelnen wurden z. B. 1 180 355 Mäuse, 501 228 Ratten, 137 680 Fische, 104 418 Kaninchen, 84 002 Vögel, 42 012 Meerschweinchen, 19 342 Amphibien, 12 250 Schweine, 10 142 Hamster, 4 886 Hunde, 3 005 Rinder, 1 923 Affen sowie 653 Katzen bei Tierversuchen verwendet.

In der Grundlagenforschung kamen insgesamt 850 710 Wirbeltiere (vor allem Mäuse, Ratten und Fische) zum Einsatz, um u. a. Gene und Biomoleküle zu erforschen oder die Funktionen der Zell- und Nervensysteme und der Organe zu erkunden. In der Human-, Zahn- und Veterinärmedizin wurden 830 742 Tiere (insbesondere Mäuse und Ratten) für die Entwicklung von Medikamenten, medizinischer Produkte und Geräte eingesetzt. In der Toxikologie und für Sicherheitsprüfungen kamen 178 221, in der Diagnostik 15 147, in der Schädlingsbekämpfung 1 414 und für sonstige Zwecke (?) 194 609 Wirbeltiere zum Einsatz. Für die Aus- und Weiterbildung wurden insgesamt 41 498 Wirbeltiere verwendet (www.bundestag.de).

3 Tierversuche

> *„Tierversuche sind Beobachtungen an Tieren aller Spezies, die mit oder ohne Eingriffe und Behandlungen erfolgen und der Beantwortung wissenschaftlicher Fragen oder der Demonstration wissenschaftlicher Zusammenhänge dienen. Ihre Durchführung unterliegt strengen gesetzlichen Auflagen, die vor Missbrauch der Forschungsfreiheit (GG, Art. 5) schützen sollen.“* (Gärtner, 2000, S. 567)

Der griechische Arzt Hippokrates (ein Zeitgenosse von Sokrates, Demokrit und Sophokles im antiken Griechenland), auf den sich der *Hippokratische Eid* der Mediziner bezieht, gilt als der Begründer der abendländischen wissenschaftlichen Medizin. Seine im *Corpus Hippocraticum* niedergelegte Physiologie blieb aber in vielen Bereichen rein spekulativ, weil sich die dargelegten Fakten noch nicht auf experimentelle Untersuchungen stützen konnten. Im frühen antiken Griechenland waren Tierversuche zur Erlangung anatomischer und physiologischer Kenntnisse eine kaum praktizierte Forschungsmethode.

Erste Experimente an lebenden Tieren (Vivisektionen) sind von dem Pythagoreer Alkmaion (ca. 500 v. Chr.) in der Folgezeit überliefert worden. Der Arzt aus dem italienischen Kroton, den man auch als den „ersten griechischen Physiologen“ verehrt, hatte durch seine Vivisektionen an Wirbeltieren die Verbindung der Sinnesorgane mit dem Gehirn entdeckt. Berühmt sind auch die überlieferten Studien an lebenden Tieren, die von dem griechisch-römischen Arzt Galenus (129–199 n. Chr.) vorgenommen worden waren. Seine Erkenntnisse über physiologische Vorgänge, die er mit Schweinen und Affen gewonnen hatte, blieben Jahrhunderte lang grundlegend für die Medizin und machten ihn, neben Hippokrates, zum bedeutendsten Arzt der Antike (Penzlin, 1996, S. 26–27).

Ein weiteres geschichtliches Beispiel für Erkenntnisgewinne aus Vivisektionen lieferte der englische Anatom und Arzt William Harvey, der im 17. Jahrhundert bei seinen Tierexperimenten den großen Blutkreislauf entdeckt hatte (Harvey, 1628).

Vor der Aufklärung expandierten die Tierversuche zur Beantwortung biomedizinischer Fragen insbesondere in Europa. Da die Eingriffe an lebenden Tieren damals noch ohne Narkose vorgenommen worden waren, hatte sich bereits der Philosoph und Begründer der französischen Moraltheorie, Michael de Montaigne (1533–1592), vehement für ein umfassendes *Grausamkeitsverbot* im Umgang mit Tieren eingesetzt (de Montaigne, 1580).

Auch in der heutigen Zeit rufen Tierversuche in weiten Teilen der Bevölkerung immer wieder Proteste hervor. Die Befürworter von Tierversuchen vertreten den Standpunkt, dass die Fortschritte der modernen Medizin mit ihren effektiven Behandlungsmethoden für Mensch und Tier ohne Tierversuche gar nicht möglich gewesen wären. Während die Wissenschaftler der biomedizinischen Forschungsrichtungen an den Universitäten, an wissenschaftlichen Instituten und in der Pharmaindustrie die These der Unersetzbarkeit von Tierversuchen energisch verteidigen, fordern die Tierversuchsgegner die Abschaffung der Experimente mit Tieren und stellen ihren Nutzen in Frage.

Einige **Argumente** der **Tierversuchsbefürworter**:

> *„Zur experimentellen Erforschung von Funktionsverknüpfungen auf höheren Ebenen, als der zellulären, sind Tierversuche unabdingbar."*

> *„Ohne Tierversuche gäbe es keine Insulintherapie, keine Antibiotika wie etwa Sulfonamide und auch keine Impfstoffe gegen Pocken, Tollwut, Cholera, Influenza oder Kinderlähmung."*

> *„Organtransplantationen, Laserchirurgie, moderne Herzchirurgie, Herzschrittmacher sowie die Erfolge in der Unfallchirurgie und Orthopädie sind das Ergebnis tierexperimenteller Forschung."*

> *„In Tierversuchen erprobte Arzneimittel und Operationstechniken wurden in vielen Fällen zu Lebensrettern für Mensch und Tier."*

> *„Bisher sind nur ein Drittel aller bekannten Krankheiten einer Therapie zugänglich, deshalb muss die Tierversuchsforschung weitergehen."*

> *„Die Reproduktionsmedizin und die Biotechnologie sind ohne Tierversuche überhaupt nicht denkbar. In der biomedizinischen Grundlagenforschung werden ständig neue Erkenntnisse aus Tierversuchen gewonnen."*

> *„Komplexe medizinische Zusammenhänge bleiben im Allgemeinen für Durchschnittsbürger weitgehend unverständlich und entziehen sich deshalb zwangsläufig einer sachgerechten Beurteilung durch unwissende Außenstehende."*

Nach Gärtner sind Tierversuche unverzichtbar:

> *„... zur experimentellen Erforschung von Funktionsverknüpfungen auf höheren als den zellulären Ebenen, wenn sie komplexer Natur sind. Das erfordert differenzierte Standards der Ausgangsbedingungen (Genetik, Ernährung, mikrobieller Status, soziale Bedingungen, frühe Konditionierung usw.), die nur mit Versuchstieren realisierbar sind, wenn zur Messung biologischer Effekte von Substanzen oder Krankheitserregern keine anderen Methoden bekannt sind."* (Gärtner, 2000, S. 567)

Einige **Argumente** der **Tierversuchsgegner:**

> *„Bei Tierversuchsplanungen gehen die Experimentatoren oftmals von einer vorgegebenen Notwendigkeit des Tierexperiments aus, obwohl es an ethischen, logischen und empirischen Begründungen mangelt."*

> *„Tierversuche sind aus medizinischen Gründen abzulehnen. Die Krankheiten des Menschen können durch Tierexperimente weder in ihren wirklichen Ursachen erforscht, noch geheilt werden."*

> *„Das sogenannte ‚Model' einer menschlichen Krankheit am künstlich geschädigten Versuchstier hat, außer gewisse Symptome, nur wenig mit der Erkrankung gemeinsam."*

> *„Bei Tierexperimenten wird die ethische Legitimität grob vernachlässigt. Die Medizinforscher beharren auf dem anthropozentrischen Humanismus, wodurch die Verpflichtung zum Tierversuch mit der ärztlichen Ethik begründet wird."*

> *„Der Mensch geht noch immer von seiner vermeintlichen Spitzenstellung aus, um daraus das Nutzungsrecht für Tiere abzuleiten und um das massenhaft produzierte Leiden der Tiere bei Tierversuchen zu rechtfertigen."*

> *„Dem Tier sollte Gerechtigkeit widerfahren, die die willkürliche Behandlung, Zufügung von Schmerzen und Leid aus rein anthropomorphen Beweggründen verbietet."*

> *„Tierversuche sind aus medizinischen Gründen abzulehnen. Ergebnisse aus Studien mit Tieren sind irreführend und irrelevant."* (http://aerzte-gegen-tierversuche.tierrechte.de)

Die Tierversuchsgegner argumentieren auch, dass die Übertragbarkeit der Ergebnisse aus Tierversuchen auf andere Arten und insbesondere auf menschliche Verhältnisse nur von spekulativem Wert sei. Trotz der fundierten Kenntnisse, welche die vergleichende Anatomie und Physiologie liefert, stellte sich immer wieder heraus, dass biomedizinische Folgerungen aus Tierversuchen sich für humanmedizinische Belange als unzureichend und problematisch erweisen. Stoffwechselreaktionen nahe verwandter Arten oder auch innerhalb der Tier-Zuchtlinien können stark voneinander abweichen und zu sehr unterschiedlichen Ergebnissen bei Experimenten führen.

„Der Grund, warum ich gegen Tierversuche bin, ist, dass sie nicht funktionieren, sie haben keinen wissenschaftlichen Wert. Man kann die Resultate von Forschungen an Tieren nicht auf den Menschen extrapolieren, und jeder gute Wissenschaftler weiß das. Da Tierversuche wertlos sind und zur Quacksalberei in der Medizin führen und ich gegen Quacksalberei sein muss, so bin ich gegen Tierversuche, und zwar als Wissenschaftler." (Prof. Dr. R. S. Mendelson, Universität von Illinois (Chicago), 1986; zitiert nach Gericke et al. 2005, S. 27)

In einer kritischen Analyse weist Amina Elsner auf methodische Mängel, die fehlende Standardisierung und die umstrittene Relevanz der Tierversuche für den Menschen hin:

„Die Substitutionstherapie mit Insulin, die Millionen Diabetikern das Leben ermöglicht, ist erst durch die Entdeckung F. Banting und Ch. Best im Jahre 1921 durch Versuche mit Hunden möglich geworden. Hätten sie für ihre Versuche nicht Hunde, sondern Meerschweinchen gewählt, würden vielleicht heute noch viele Typ-1-Diabetiker bereits im Kindesalter versterben. Denn bei Meerschweinchen bewirkt Insulin angeborene Missbildungen, sodass man die Anwendung beim Menschen wahrscheinlich für nicht verantwortbar gehalten hätte." (Elsner, 2004, S. 2511)

Was für bestimmte Tierarten unschädlich ist, kann sich für Menschen als schädlich erweisen. Ein Beispiel ist das verzögerte Ingangkommen des Asbest-Verbots, weil Ratten, die als das ideale „Giftempfindlichkeits-Modell" in der Toxikologie angesehen werden, sich gegenüber Asbest als unempfindlich erwiesen. Heute weiß man, dass Ratten (auch Mäuse) über ein viel größeres Arsenal an Entgiftungsgenen verfügen als der Mensch.

Die Ergebnisse aus den Tierversuchen suggerieren oft eine scheinbare Sicherheit, wie dies auch zahlreiche Arzneimittelskandale (z. B. Benoxaprofen, Contergan®, Lipobay®, Vioxx®, TGN1412) beweisen. Die präklinische Testung von Arzneimitteln kann den Menschen nicht generell vor schädlichen Einwirkungen schützen, da sich der menschliche Organismus, trotz vieler biologischer Ähnlichkeiten, in verschiedener (physiologischer, biophysikalischer, biochemischer, immunologischer oder pathogenetischer) Hinsicht vom Tier unterscheidet.

Nach gängiger Auffassung sollte es das Anliegen der biomedizinischen Forschung sein, gesicherte wissenschaftliche Erkenntnisse zu gewinnen, deren Inhalte allgemeine Gültigkeit haben und nicht erst durch das Prinzip „Versuch und Irrtum" veri- oder falsifiziert werden müssen.

Hierzu bemerkte Prof. A. Baethmann vom Institut für Chirurgische Forschung der Universität München:

> *„Gleichwohl muss widersprochen werden, einen Tierversuch für die Medizin nur dann akzeptieren zu können, wenn sich dessen Fragestellung/Ergebnis uneingeschränkt auf die Klinik übertragen lässt. Tierversuche sind nach wie vor eine wichtige Methode, neue Verfahren auszuprobieren sowie wissenschaftliche Hypothesen, auch der biomedizinischen Grundlagenforschung, zu prüfen. Ebenso klar ist, dass nicht jeder Versuch die zugrunde liegende Hypothese bestätigen kann oder Ergebnisse liefert, die von der Klinik sofort umgesetzt werden können. Aus diesem Grund ist es wichtig, alle Tierversuchsergebnisse zu veröffentlichen, auch jene, die Hypothesen falsifizieren – auch um prüfen zu können, ob die eingesetzten Methoden/Protokolle zeitgemäßen Ansprüchen genügen. Diese Forderung ist u. a. wegen des Beta-Fehlers berechtigt, d. h. dass ein Phänomen (Mechanismus, Medikamentenwirkung) übersehen wird, weil das Versuchsdesign einschließlich Analytik nicht empfindlich genug gewesen ist oder – gravierender – weil das Experiment nicht adäquat durchgeführt worden ist.“* (Baethmann, 2004, S. 2806)

Das präklinische Prüfungsverfahren von Arzneimitteln und die unkritische Übertragung der gewonnenen Tierversuchsergebnisse auf den Menschen geriet in der Öffentlichkeit zu einem immer wiederkehrenden Streitpunkt. Manche Arzneimittel, die sich im Tierversuch als unschädlich erwiesen hatten und die von den Behörden bereits zugelassen worden waren, mussten nach der Anwendung beim Menschen wegen unvorhergesehener gesundheitlicher Schäden wieder aus dem Verkehr gezogen werden.

Nach einer Studie des pharmakologischen Instituts in Bremen, mussten im Jahre 2001 in Deutschland 210 000 Menschen infolge der Nebenwirkungen von Arzneimitteln ärztlich behandelt werden, 70 000 der Fälle sind als lebensbedrohlich eingestuft worden, 16 000 sollen sogar zum Tode geführt haben (Elsner, 2004, S. 2511). Daran wird deutlich, dass die Arzneimittel-Prüfstrategien hinsichtlich der Validität und Generalisierbarkeit immer noch mit großen Mängeln behaftet sind, wie es auch die nachstehend aufgeführten fünf Fälle zeigen:

1. Das Schmerz- und Rheumamittel *Benoxaprofen* hatte sich beim Tierversuch mit Affen als unbedenklich erwiesen, erzeugte aber beim Menschen Nierenversagen und musste vom Arzneimarkt genommen werden.
2. Im Falle des Schlafmittels *Contergan®*, das Schwangere eingenommen hatten, kamen mehr als 6 000 verkrüppelte Kinder zur Welt, obwohl der Wirkstoff Thalidomid vorher ausgiebig im Tierversuch getestet worden war. Die trächtigen Test-Säugetiere hatten nach Verabreichung von sehr hohen Contergan-Dosen gesunde Nachkommen zur Welt gebracht. Das Embryo schädigende (teratogene) Potenzial von Thalidomid für den Menschen wurde erst nach der Zulassung des Präparats Contergan® erkannt.
3. *Lipobay®*, das viel versprechende Blutfettsenkungspräparat, hatte im Tierversuch mit Ratten, Mäusen, Schweinen und Hunden einen geringgradigen

Abbau der Muskelzellen bewirkt, beim Menschen führte das Präparat dagegen zu Todesfällen und wurde daraufhin zurückgezogen.

4. Das Kölner Institut für Qualität und Wirtschaftlichkeit im Gesundheitswesen schätzt, dass allein in Deutschland zwischen den Jahren 2000–2004 mehr als 7 000 Menschen infolge der Einnahme des Schmerzmittels *Vioxx®* erkrankt oder gestorben sind. Das Präparat war vor der Vermarktung ausführlich tierexperimentell getestet worden.
5. „*Alle Tierversuche versprachen Sicherheit*", so titelte kürzlich die Süddeutsche Zeitung (Läsker, 2006, S. 18). Sechs Menschen musste man in der Londoner Northwick-Park-Klinik auf die Intensivstation bringen, nachdem den Versuchspersonen ein von der Universität Würzburg entwickeltes Arzneimittel, das die deutsche Biotech-Firma Tegenero unter dem Kürzel *TGN1412* vermarkten will, gespritzt worden war. Bei dem Präparat handelt es sich um ein Immunstimulans, das ko-stimulatorische Signale der CD28-Immunzellen freisetzt, die für eine vollständige Aktivierungsantwort der T-Zellen verantwortlich sind. Therapieversuche an Ratten und Kaninchen mit künstlich ausgelösten Immunkrankheiten hatten eindeutige therapeutische Effekte ohne Nebenwirkungen erbracht. Auch Affen (*Cynomolgus-Makaken*) haben die Testversuche zufrieden stellend überstanden. Aber bei der von der US-Testfirma Parexel in England durchgeführte Versuchsreihe sei alles völlig „aus dem Ruder gelaufen". Nach Angaben der Ärzte hätten die Organe der Versuchspersonen völlig versagt, kurz nachdem man den neuen Wirkstoff appliziert hatte. Der Leiter der Genehmigungsbehörde für Arzneimitteltests (Paul-Ehrlich-Institut in Langen) erklärte schockiert: „*An Affen hat das Mittel kaum Nebenwirkungen gezeigt, deshalb haben wir einen solchen Test nach intensiver Diskussion erlaubt.*"

Da seitens der Genehmigungsbehörde versichert worden war, dass die Affen den Wirkstoff *TGN1412*, der infolge der Beeinflussung regulatorischer T-Zellen gegen Blutkrebs, Multiple Sklerose und chronisches Gelenkrheuma wirken soll, sogar in 500-facher Dosierung unbeschadet überstanden hätten, stellt sich auch hier die Frage, inwieweit Erkenntnisse aus Tierversuchen bei Medikamentenstudien auf den Menschen übertragbar sind. Bei der tierexperimentellen Testung von neuen Arzneimitteln (Phase I einer Versuchsreihe) sollen die Nebenwirkungen erkannt werden, die folgende klinische Erprobung am Menschen soll in den Phasen II und III einer Versuchsreihe den Wirksamkeitsnachweis und die Unschädlichkeit für den Menschen verifizieren. Wie der jüngste Vorfall in der Londoner Klinik aber zeigt, erweisen sich die aus Tierexperimenten abgeleiteten Sicherheitsgarantien für den Menschen manchmal als trügerisch. „*Das Ganze ist entsetzlich. Aber manche Dinge lassen sich nun einmal nicht vorhersagen*", so ein Kommentar des Deutschen Krebsforschungszentrum in Heidelberg (Rögener, 2006, S. 22). In diesem Zusammenhang wäre es interessant zu erfahren, warum die Erprobung des in Deutschland entwickelten Arzneimittels nicht im eigenen Land klinisch getestet wurde. Haben die Ethikkommissionen in Deutschland restriktivere Ansichten als die englischen?

Exkurs: Ethikkommissionen/Arzneimittelgesetzgebung

Seit der 12. Novellierung des Arzneimittelgesetzes im Jahre 2004 hat ein Antragsteller bei der klinischen Testung neuer Medikamente eine gewisse Freiheit bezüglich der Auswahl einer Ethikkommission, was die frühere Praxis der Prüfung durch mehrere Kommissionen aussetzt und von den Kritikern als Positionsschwächung der Ethikkommissionen gewertet wird. Die Bundesregierung will hierdurch eine Verfahrensbeschleunigung erzielen und somit der Gefährdung des Wissenschaftsstandortes Deutschland entgegentreten.

In der Öffentlichkeit entwickelt sich angesichts der Arzneimittelskandale eine zunehmende Skepsis gegenüber Prüfstrategien der Pharmaindustrie und den Tierversuchen, die zur Erkennung von Unschädlichkeit und Wirksamkeit von Arzneistoffen für den Menschen eingesetzt werden. Fragen nach dem Sinn, nach dem Nutzen und nach der ethischen Legitimation dieser Tierversuche werden deshalb immer lauter (Gericke et al., 2005, S. 27–28).

Korrekterweise muss jedoch in diesem Zusammenhang auch darauf hingewiesen werden, dass infolge der gesetzlichen Tierschutzregelungen, infolge des modernen wissenschaftlichen Standards und des Bemühens um Alternativmethoden die Tierversuche hinsichtlich Anzahl, Qualität und bioethischer Relevanz ständig verbessert werden.

3.1 Tierversuche in Grundlagen- und angewandter Forschung

Die Grundlagenforschung ist weder ökonomisch- noch anwendungsorientiert, sie soll ausschließlich der Wissensvermehrung dienen. Im Gegensatz hierzu ist es die Aufgabe, der angewandten biomedizinischen Forschung Erkenntnisse zu liefern, die vor allem der Gesundheit von Mensch und Tier dienen. Am Beispiel des Gentransfers oder der Xenotransplantation wird aber deutlich, dass man nicht immer klar zwischen der Grundlagen- und der anwendungsorientierten Forschung unterscheiden kann.

Beide wissenschaftlichen Forschungszweige zwingen zu ständiger Aktivität, deren Resultate die Forscher zuweilen überfordern. Friedrich von Weizsäcker führte hierzu ein bezeichnendes Beispiel aus der Physik an:

> „*Wir suchten die Gesetze der Atomkerne und fanden die Bombe.*" (Weizsäcker, 1978, S. 164)

Die biomedizinische Forschung veröffentlicht ihre Erkenntnisse in Form von Beschreibungen, Erklärungen, Vorhersagen und Hypothesen. Aufgrund deduktiver und induktiver Subsumierung besteht die Gefahr, dass die Erkenntnisse aus den präklinischen Tierversuchsstudien kritiklos auf menschliche Verhältnisse übertragen werden. Die These vom ontologischen Reduktionismus, der besagt, dass die Lebewesen nichts anderes seien als eine Aggregation von Atomen und Molekülen, die gleichermaßen beeinflussbar seien, hat sich als nicht zutreffend erwiesen. Bei der Übertragung von Erkenntnissen aus Tierexperimenten auf den Menschen, sind deshalb entsprechend hohe Hürden zu nehmen, da die mannigfaltigen physiologischen Aufgaben von den verschiedenen Organismengruppen in artspezifischer Art und Weise gelöst werden müssen. Trotz zahlreicher genetischer Gemeinsamkeiten der Säugetiere, existieren bei den einzelnen Arten unterschiedliche physiologische Reaktionsabläufe. Alle aus den Tierversuchen gewonnenen Erkenntnisse, die auf einer interartlichen Ebene interpretiert werden, sind zwangsläufig mit Problemen belastet.

Sowohl die Grundlagenforschung als auch die biomedizinische Forschung haben in Bezug auf Tierversuche schon immer ein emotional aufgeladenes Spannungsfeld erzeugt, auch deshalb, weil die Gegner von Tierversuchen vielen tierexperimentell tätigen Wissenschaftlern (oftmals wohl auch zu Unrecht) eine Profilierungssucht unterstellten. Hierzu zählen auch die unnötigen Mehrfachversuche, die zur gleichen Forschungsthematik unbesehen durchgeführt werden.

> „*Wenn das Kriterium, das ein Wesen zu einem Träger moralischer Rechte macht, die Leidensfähigkeit ist und wir beim einen Teil der leidensfähigen Wesen, den Personen, solche Kalkulationen für schlicht unzulässig erachten, dann können wir nicht sagen, dass sie bei einem anderen Teil der leidensfähigen Wesen, den Tieren, zulässig sind.*" (Wolf, 1997, S. 69)

Die Vereinigung *Ärzte gegen Tierversuche e.V.* prangerte an, dass die Tierversuche keineswegs so harmlos seien, wie es die Pharmaindustrie und die tierexperimentelle Forschung der Öffentlichkeit glauben machen wollen:

> „*Die Tiere würden nicht mehr leiden als ein Mensch bei der Blutentnahme, heißt es. Doch das Gegenteil ist der Fall. Angefangen bei der unnatürlichen Haltung in kleinen, sterilen Käfigen über das oft Wochen oder Jahre dauernde Experiment bis hin zum qualvollen Tod, ist das Leben jedes einzelnen Versuchstiers von Leid geprägt. Versuchstiere werden vergiftet, verätzt, verstümmelt, bei ihnen werden Infektionen, Entzündungen, Anfälle oder Krebs erzeugt, ihnen werden Elektroden in das Gehirn gesteckt, die Knochen gebrochen, die Augen vernäht, Organe entfernt und wieder eingepflanzt.*"
> (http://aerzte-gegen-tierversuche.tierrechte.de)

Bei einer Evaluierung klinisch orientierter Publikationen, die genehmigte Tierversuche zum Gegenstand hatten, wurde nur bei vier Studien (0,3 %) der insgesamt 97 untersuchten Veröffentlichungen ein direkter Zusammenhang zwischen tierexperimentellen Befunden und Befunden am Menschen festgestellt. Es war entweder kein therapeutischer Effekt nachweisbar, oder die Befunde am Menschen widersprachen den Ergebnissen aus den Tierversuchen (Lindl et al. 2005, S. 143–151). Hier ist zu hinterfragen, ob bei den angeführten Tierversuchen lediglich pauschalisierte Begründungen und nicht die geforderten strengen projektspezifischen Argumente bei der Güterabwägung, die zur Genehmigung der Tierversuche geführt haben, ausschlaggebend waren.

Formaljuristisch wird in der Güterabwägung die Freiheit der Forschung (GG, Art. 5 Abs. 3) vielfach über das Interesse und Wohl eines Tieres gestellt. Hierbei darf aber nicht die Forschungsfreiheit mit Tieren durch pauschale Argumentationen legitimiert werden. In der wissenschaftlichen Forschung gibt es zwei wesentliche Zielsetzungen (Eleftheriadis, 1996; zitiert nach Blumer, 1999, S 161):

- das indirekte, wissenschaftsexterne Ziel, Menschen und Tiere zu heilen,
- das direkte, wissenschaftsimmanente Ziel der Bestätigung von Theorien, also Annahmen, durch deren Einsatz in der Praxis die Lösung praktischer medizinischer Probleme angestrebt wird.

Patzig (1986, S. 68–84) stufte die Grundlagenforschung als *„eines der höchsten Kulturinteressen des Menschen“* ein. Er gibt aber auch für die Bewertung eines Tierversuchsvorhabens zu bedenken, woher *„man die Maßstäbe nehmen soll, die ein rationales Abwägungsverfahren zwischen Erkenntnisgewinn und dem Leiden der Versuchstiere gebraucht werden“.*

Insbesondere die Tierversuche mit nicht-menschlichen Primaten sind nicht nur wissenschaftlich umstritten, es erwachsen hierbei wegen der nahen Verwandtschaft zum Menschen schwerwiegende ethische Konflikte. Der Primatenbericht des Deutschen Tierschutzbundes (Ruhdel & Sauer, 1998, S. 1–62) gibt Auskunft über den Einsatz von Affen zu wissenschaftlichen Versuchszwecken. Jährlich werden mehr als 10 000 Rhesusaffen, Marmorsetten, Meerkatzen, Totenkopfäffchen, Paviane, Schimpansen für die Gehirnforschung, Arzneimittelprüfung, Impfstoffprüfung sowie zur Erforschung von Malaria, Parkinson, Alzheimer, AIDS (oder anderen Virusinfektionen) in der EU eingesetzt. Allein in Deutschland wurden in den Jahren 1989–1995 insgesamt 11 300 Affen für derartige Versuchszwecke verwendet. 1989 mussten in Deutschland 132 Menschenaffen bei Versuchen ihr Leben lassen. Aus einer Literaturstudie ist zu entnehmen, dass bei Tierversuchen mit Menschenaffen weltweit hauptsächlich Schimpansen (65%), aber auch Gorillas (15%) und Orang-Utans (12%) eingesetzt werden (Hagelin, 2005, S. 111).

In der Virus-Forschung gelten Schimpansen als ein unverzichtbares „AIDS-Krankheitsmodell“. Schimpansen sind zwar für das menschliche Immunschwächevirus (HIV) empfänglich, sie erkranken aber unter natürlichen Bedingungen nicht. Da sich außerdem ihr Immunsystem von dem des Menschen unterscheidet, ist Zweifel berechtigt, ob die nächsten Verwandten des Menschen für die AIDS-Forschung überhaupt tauglich sind. Bei 26 Affenarten sind unterschiedliche AIDS-ähnliche Retroviren (Simian Immundeficiens Viruses, SIV) nachgewiesen worden, die seit Millionen von Jahren mit den Primaten eine Ko-Evolution durchgemacht haben und die bei ihren ursprünglichen Wirten keine Krankheiten mehr auslösen. Es liegt der Verdacht nahe, dass der AIDS-Erreger eine SIV-Variante ist, die sich der Mensch von den Schimpansen eingehandelt hat, z. B. durch den engen Kontakt während der Haltung von Schimpansen als Haustiere, durch den Verzehr von Affenfleisch oder auch durch die Verabreichung von Affenblut zur Potenzsteigerung.

Aufsehen erregte eine ZDF-Sendung aus dem Jahre 2003, in der mit getarnter Kamera die Zustände in einem Affen-Versuchslabor gefilmt worden waren.

Die Videobilder zeigten die narkotisierten Tiere nach den Eingriffen in ihren Käfigen liegen. Damit die Affen schneller aufwachten, wurden sie von Tierpflegern so lange geschüttelt, bis sie wieder Lebenszeichen von sich gaben. Danach überließ man sie mit oftmals gebrochenen Glieder sich selbst.

Exkurs: Beispiel eines Tierversuchs mit Affen am Institut für Hirnforschung in Bremen

(Vereinigung Ärzte gegen Tierversuche e.V., Basisinformationen: http://aerzte-gegen-tierversuche.tierrechte.de)

„Mit Schrauben und Zahnzement wird Rhesusaffen unter Narkose ein Kopfhalter und ein Metallzylinder mit ca. 2 cm Durchmesser auf den Schädel befestigt. Zur Aufzeichnung von Hirnströmen werden Elektroden durch den Zylinder direkt in das Gehirn geschoben. Für die Versuche wird der Kopf eines wachen Affen mit Hilfe des Halters fixiert, sodass das Tier den Kopf nicht mehr bewegen kann. Der Affe muss eine Aufgabe erledigen, die darin besteht einen Lichtpunkt auf einem Bildschirm mit den Augen zu fixieren und gleichzeitig einen Hebel zu drücken. Als Belohnung gibt es einen Tropfen Saft oder Wasser. Die Tiere werden vor dem Versuch dursten gelassen, um sie gefügig zu machen. Wenn der Affe etwas falsch macht, erhält er keinen Flüssigkeitstropfen. Die Versuche werden über mehrere Wochen durchgeführt."

Dass Tiere in der wissenschaftlichen Forschung nur als Mittel zum Zweck angesehen werden, zeigt sich darin, dass die Versuchstiere in einer wissenschaftlichen Studie lediglich als „methodische Grundlagen" unter der Rubrik „Material und Methoden" aufgeführt werden.

Vielfach wird von tierexperimentell tätigen Wissenschaftlern angeprangert, dass aufgrund der restriktiven Gesetzgebung der Forschungsstandort Deutschland massiv gefährdet sei und dass sie deshalb ihre biomedizinischen Forschungsaktivitäten ins Ausland verlagern würden. Dies gilt insbesondere auch für Forschungsvorhaben, die die Bio- und Gentechnologie betreffen. Die Verlagerung von Tierversuchen in Länder, die infolge gemäßigter gesetzlicher Reglementierungen einen großen Spielraum zulassen, lässt sich ethisch nicht rechtfertigen, wenn es nur darum geht, gesetzgeberische Hürden und ethische Verpflichtungen zu umgehen.

3.2 Xenotransplantation

Die Transplantationsmedizin erweckt Hoffnungen auf Linderung und Beseitigung von chronischen Leiden und Siechtum, daher ist die Nachfrage an Geweben und Organen groß. Da es jedoch an menschlichem Spendermaterial mangelt, versuchte man bereits seit frühester Zeit, mit tierischen „Ersatzteilen" Abhilfe zu schaffen. Nachfolgend einige Beispiele hierfür:

Bereits 1682 wurde einem am Kopf verletzten Patienten erstmals ein Hundeknochen in den Schädel implantiert. Bis Ende des 19. Jahrhunderts war es keine Seltenheit, dass bei Brandwunden und Geschwüren die Haut von Fröschen und Kröten verpflanzt wurde. 1905 hatte ein französischer Arzt einem nierenkranken Kind Teile von Kaninchennieren eingepflanzt, das Kind starb aber bereits nach zwei Wochen. Der russische Arzt Serge Woronow wurde anfangs des 20. Jahrhunderts berühmt, weil er älteren Männern zur Potenzsteigerung Gewebe aus Affenhoden mit angeblich sehr gutem Erfolg implantiert hatte.

An der Tulane-Universität von Louisiana in den USA wurden Menschen Schimpansennieren eingepflanzt, die maximale Überlebenszeit der Patienten betrug nur neun Monate. Der erste Versuch einer Herzverpflanzung beim Menschen wurde 1964 an der Universität von Mississippi in Lafayette (USA) mit einem Schimpansenherzen durchgeführt, der Versuch misslang, da sich das Implantat als zu schwach für den menschlichen Blutkreislauf erwies. 1967 hat Christian Barnard die erste erfolgreiche Herztransplantation von Mensch zu Mensch durchgeführt. Bei einigen Patienten war es aber notwendig, zur Kreislaufunterstützung zwischenzeitlich ein Pavian- bzw. Schimpansenherz einzusetzen. Die Affenherzen wurden vom Empfänger jedoch nicht toleriert und abgestoßen. Einem frühgeborenen Kind wurde ein Pavianherz implantiert, das Kind starb bereits nach drei Wochen. An der Universität in Pittsburgh (USA) misslangen die Transplantationen von Pavianlebern beim Menschen infolge von Infektionen. 1997 wurden Parkinsonkranken Gehirnzellen von Schweinefeten implantiert, die längstens neun Monate lebensfähig blieben. AIDS-Patienten wurden mit Immunzellen von Affen behandelt, die Zellen blieben jedoch auch hier nur kurze Zeit aktiv.

Die Frage, warum Xenotransplantationen immer wieder missglückten, konnte der britische Zoologe Peter Medawar erstmals durch seine Entdeckung des immunologischen Angriffs auf artfremde Zellen, Gewebe und Organe beantworten. Er erhielt dafür 1960 den Nobelpreis (Lanza et al., 1997, S. 70–72).

Weil das Immunsystem körperfremdes Gewebe attackiert und zerstört, unterdrückt man gewöhnlich die Abstoßungsreaktionen von Gewebe- und Organtransplantaten mit Hilfe von Immunsuppressiva (z. B. mit Cyclosporin, Rapamycin, Glukokortikoiden). Da durch diese medikamentöse Maßnahme der Patient für Infektionen sehr anfällig wird, suchte man nach neuen Wegen in der Transplantationstechnik. Im Tierversuch hat man z. B. bei Pavianen das Knochenmark durch das von Schweinen ersetzt. Die zytotoxischen Immunzellen (T-Zellen) der Paviane attackierten darauf hin nicht mehr die Xenotransplantate von Schweinen. In der Folgezeit wurden mit humanen Genen versehene Spendertiere erfolgreich gezüchtet. Als viel versprechend erwiesen sich Transplantationen von Geweben und Organen genetisch veränderter Schweine, bei denen die zur Abstoßung führenden Zellantigene durch das menschliche Antigenmuster ersetzt worden waren. Die „vermenschlichten" Spendertiere werden geklont und für Explantationen gezüchtet. Auf diese Weise degradiert man Säugetiere (Affen, Schafe, Schweine, Ziegen u. a.) zum Ersatzteillager für den Menschen. Es hat sich auch herausgestellt, dass tierische Xenotransplantate oftmals Viren (z. B. Herpesviren, Retroviren) als „blinde Passagiere" beherbergen, die für den Patienten neue Infektionsquellen darstellen. Die Xenotransplantation mit tierischen Geweben und Organen wirft nicht nur medizinische, sondern auch relevante bioethische Fragen auf (Ahne, 2000, S.287–288; Weiss, 1998, S. 327–328).

3.3 Gentechnische Modifikation von Tieren

„Unter Gentechnik versteht man im weitesten Sinne einen Zweig der biowissenschaftlichen Grundlagenforschung, in dem molekularbiologische Strategien und Verfahren eingesetzt werden, mit denen man Gene isoliert sowie neue (artübergreifende) Kombinationen von Genen oder Teilen von Genen herstellt, die zum Teil in dieser Form in natürlichen Organismen nicht vorkommen (rekombinante DNA).“ (Wolf, 2000, S. 67)

In Deutschland trat 1990 das Gentechnik-Gesetz in Kraft, das 1993 novelliert wurde. Dieses Gesetz reglementiert alle Arbeiten mit gentechnisch veränderten Organismen.

Das Tierschutzrecht regelt auch den Schutz der Tiere bei gentechnischen Eingriffen und den Schutz gentechnisch veränderter oder geklonter Tiere. Nach § 7 Abs. 1 Nr. 2 TierSchG gelten Eingriffe oder Behandlungen zu Versuchszwecken am Erbgut von Tieren als Tierversuche, wenn sie mit Schmerzen, Leiden oder Schäden für die erbgutveränderten oder geklonten Tiere oder deren Trägertiere verbunden sein können. § 11b TierSchG verbietet es, Wirbeltiere durch bio- oder gentechnische Maßnahmen zu verändern, wenn damit gerechnet werden muss, dass der Nachzucht, den bio- oder gentechnisch veränderten Tieren selbst oder deren Nachkommen Schmerzen, Leiden oder Schäden entstehen. Nach § 11b Abs. 4 TierSchG gilt das Verbot allerdings nicht für die Zucht von Versuchstiermutanten, die für die Durchführung bestimmter Tierversuche notwendig sind.

Um menschliche Krankheiten bei Tieren gentechnisch nachzuahmen, werden häufig Ausnahmen für gentechnische Experimente zugelassen. Ein Beispiel ist die „Krebsmaus“, bei der das Erbgut so verändert wurde, dass sie gezielt Tumore entwickelt. Diese gentechnisch veränderten Tiere werden im großen Maßstab für die Krebsforschung gezüchtet. Der Erkenntnisgewinn für die Krebstherapie aus Tierversuchen ist jedoch laut Dr. Irwin D.J. Bross (ehemaliger Leiter des American National Cancer Institutes in den USA) sehr fraglich:

„Es existiert kein Beweis, dass der Gebrauch von Tieren in der Krebsforschung zur Vorbeugung oder zur Genesung auch nur eines einzigen Menschen geführt hat.“ (zitiert nach Gericke et al., 2005, S. 56)

Onkologen unterscheiden mehr als 300 verschiedene Tumorerkrankungen beim Menschen, die sehr unterschiedlich auf das therapeutische Arsenal der Ärzte reagieren. Trotz intensiver Forschung mit gentechnisch exponierten tierischen „Krebsmodellen“ gibt es nach wie vor eine ganze Reihe von Krebsleiden, wie z. B. Bauchspeicheldrüsenkrebs, Hautkrebs, Hirntumore, Gebärmutterkrebs, die sich den prophylaktischen und therapeutischen ärztlichen Versuchen widersetzen. Die Ergebnisse aus den Tierversuchen und der klinischen Praxis erwiesen sich als sehr ernüchternd.

Bioethiker und Mediziner befürchten den Trend zu einer zunehmenden „Genetisierung“ der Medizin. Gentechnologische Praktiken, die bereits akzeptierter Bestandteil unseres Alltags und des kulturellen Selbstverständnisses geworden sind, werden nicht zuletzt durch die zunehmend genetisch orientierte pharmazeutische Industrie vorangetrieben (Broder & Venter, 1999, S. 26–33).

3.3.1 Transgene Tiere

Wird ein Fremdgen in eine Zelle eingeführt und wird dieses Transgen in das bestehende Erbmaterial aufgenommen, so erhält man ein Transgenom in einer transgenen Zelle oder einen transgenen pflanzlichen oder tierischen Organismus. Zahlreiche Techniken, wie z. B. die Mikroinjektion von Nukleinsäuren, homologe Rekombination, genetische Zellablation oder die Klonierung von Embryonen, sind gängige Methoden, um Tiere genetisch zu modifizieren. Die molekulare Tierzucht ist bestrebt, mittels transgener Techniken bestimmte Zuchtziele bei Nutztieren zu optimieren (Wolf, 2000, S. 76–80).

Bei der Erforschung genetisch bedingter menschlicher Krankheiten spielt das „transgene Mausmodell“ eine bedeutende Rolle, weil das Mäusegenom mit dem Menschengenom große Ähnlichkeiten aufweist. Für die Forschung werden die Mäuse mit verschiedenen menschlichen Genen ausgestattet und gezüchtet. Bis man jedoch ein geeignetes transgenes Tier zur Verfügung hat, sind zahlreiche verlustbringende Versuchsansätze nötig (Blumer, 1999, S. 153).

Im klassischen Gentransferverfahren wird die genetische Modifikation von Tieren mit der DNA-Mikroinjektions-Methode erzielt. Hierbei wird eine Fremd-DNA in den Vorkern einer befruchteten Eizelle eingebracht, und diese wird nach einer Zwischenkultur in die Gebärmutter eines Tieres implantiert. Dieses Verfahren hat eine geringe Effizienz, weil das Fremdgen selten genau am gewünschten Zielort integriert wird. Miss- und Fehlgeburten sind häufig. Die Verwendung von embryonalen Stammzellen als Vektoren soll die Trefferquote verbessern und eine gezielte Genort-Veränderung im Empfängergenom ermöglichen. In die embryonalen Stammzellen werden *in vitro* die gewünschten Genkonstrukte eingeschleust, diese sollen dann durch homologe Rekombination an speziellen Genomstellen gezielt eingebaut werden (Wolf, 2000, S. 77).

Bei der Etablierung transgener Tiere sind neben den eigentlichen transgenen Versuchstieren aber auch die Tiere zu beachten, die nicht unmittelbar, sondern als „Mittlerindividuen", in das Versuchsvorhaben integriert werden. Die Spender von Embryonen müssen durch Hormonbehandlung einer Superovulation unterworfen werden, bei den Empfängern sind Eingriffe nötig und zur Zyklussynchronisation sind meistens männliche Kontakttiere nötig, die man sterilisiert (vasektomiert) hat (Blumer, 1999, S. 148).

Da man in der Gentechnik mit Tieren häufig lange experimentieren muss, um das „geeignete Tiermodell" etablieren zu können, ergibt sich zwangsläufig ein „Ausschuss", der bis 99% der eingesetzten Tiere betragen kann. Dieser „Ausschuss" besteht meist aus verkrüppelten Individuen, die „entsorgt" werden und die nicht in der Versuchstierstatistik erscheinen (Gericke et al., 2005, S. 12).

Wenn nach zahlreichen Experimenten ein gentechnisch verändertes Tiermodell schließlich etabliert werden konnte, wird die Patentierung dieses Tieres angestrebt. Schlagzeilen hat bereits die „Harvard-Krebsmaus" gemacht, die 1988 als erstes Säugetier in den USA patentiert worden ist. Es ist jedoch fraglich, ob „Tierpatente" überhaupt sittlich zu rechtfertigen sind. „Kein Patent auf Leben" ist eine ernst zu nehmende Devise. Es stellt sich auch die Frage, ob es sich bei Tierpatenten um patentfähige „Erfindungen" oder nur um nicht-patentfähige „Entdeckungen" handelt (Blumer, 1999, S. 174–175).

Die Richtlinie 98/44/EG des Europäischen Parlaments über den rechtlichen Schutz biotechnologischer Erfindungen (Biopatent-Richtlinie), die mit Wirkung vom 28. Februar 2005 durch Änderung in nationales Recht umgesetzt wurde, enthält einen Passus über Patentierungsverbote bei Tieren, wenn die Verwertung der Erfindung gegen die öffentliche Ordnung oder die guten Sitten verstößt. Tierrassen und im Wesentlichen biologische Verfahren zur Züchtung von Tieren sind vom Patentschutz jedoch ausgeschlossen. Allerdings sind Erfindungen bei Tieren patentierbar, wenn das Verfahren nicht auf eine bestimmte Tierrasse beschränkt ist.

> *„Die Erteilung von Patenten für biotechnologische Erfindungen auf dem Gebiet des Tierreichs ist prinzipiell mit dem Grundsatz des TierSchG (Verantwortung des Menschen für das Tier als Mitgeschöpf) und der Staatszielbestimmung ‚Tierschutz' vereinbar."* (Tierschutzbericht, 2005)

3.4 Klonen, Stammzellen

3.4.1 Klonen – identisches Kopieren

Unter dem Begriff Klonen versteht man die experimentelle Herstellung gleichartiger, genetisch identischer Nachkommen. Eineiige Zwillinge sind das Produkt eines natürlichen Klonvorganges.

In der Tierzucht wendet man seit zwei Jahrzehnten das „klassische" Klonierungsverfahren an, das auf dem Transfer eines Zellkerns aus einem frühen Embryonalstadium in das Zytoplasma einer entkernten Eizelle basiert. Das Klonen von Säugetieren aus embryonalen Zellen verfolgt das Ziel, die Leistungsparameter der landwirtschaftlich genutzten Tiere zu optimieren, die Resistenz gegenüber Tierkrankheiten zu verbessern oder therapeutisch anwendbare Proteine (z. B. in der Milchdrüse) zu produzieren. Auch genetisch modifizierte Schweine, deren Organe man für Transplantationen beim Menschen nutzt, werden geklont. Landwirtschaftliche Nutztiere mit bestimmten Eigenschaften werden geklont, indem die man aus den Zellen des Achtzellstadiums einer befruchteten Eizelle identische Nachkommen züchtet (Wolf, 2000, S. 78–80).

1997 hatte Ian Wilmut vom Roslin Institut im schottischen Edinburgh das sieben Monate alte Schaf „Dolly" der Öffentlichkeit präsentiert, das weltweit erste Klontier, das nach dem Transfer einer Körperzelle (Euterzelle) eines walisischen Bergschafes in die entkernte Eizelle eines anderen Schafes von einer Leihmutter ausgetragen worden war (Wilmut, 2002). Weil das Kernspender-Schaf bereits sechs Jahre alt war, kam Dolly auch schon „alt" zur Welt.

Wie Untersuchungen an den Endstücken der Chromosomen (Telomeren) ergaben, haben die Tiere, die aus Körperzellen kloniert wurden, bereits bei der Geburt das Alter des Zellkernspenders. Die Telomeren, die mit zunehmendem Alter des Chromosomenträgers immer kürzer werden, wirken sich verkürzend auf die Lebenszeit eines Säugetiers aus. Waliser Bergschafe werden normalerweise 15–20 Jahre alt, Dolly starb bereits nach 6,5 Jahren an Alterserscheinungen (Rheuma, Arthritis, Arthrose). In den allermeisten Fällen sterben die nach der Wilmut-Methode geklonten Tiere vor oder kurz nach der Geburt oder erreichen ihr natürliches Alter nicht annähernd.

Die von Wilmut im Labormaßstab erstmals erzielte Reprogrammierung somatischer Zellen eines Säugetiers stellte das Dogma von der nicht umkehrbaren Differenzierung von Körperzellen auf den Kopf und eröffnete neue Perspektiven für das therapeutische und reproduktive Klonen. Beide Verfahren beruhen im ersten Schritt auf den Transfer des Kerns einer somatischen Spenderzelle in eine kernlose unbefruchtete Eizelle. Im zweiten Schritt wird diese entweder *in vitro* zu partiell geklonten embryonalen Stammzellen verarbeitet (therapeutisches Klonen) oder *in vivo* zur Entwicklung eines mit dem Zellkernspender genetisch identischen Organismus gebracht (reproduktives Klonen).

Firmen, wie z. B. *Genetic Savings and Clone* in San Francisco, produzieren bereits duplizierte Haustiere für solvente Tierfreunde. Für ca. 50 000 US-Dollar werden z. B. genetische Zwillingskatzen hergestellt, um den Verlust eines gestorbenen Tieres, dessen Gewebeproben bereits tiefgefroren aufbewahrt worden waren, zu kompensieren. Heute ist es keine biopolitische Sensation mehr, wenn über genetisch verdoppelte Kaninchen, Mäuse, Pferde, Rinder, Schweine, Ziegen und andere duplizierte Tiere berichtet wird.

„*Wiedergeburt im Stall*" war der Titel einer Spiegel-Recherche von Stampf und Thome (2006, S. 140–142). Darin hieß es, dass eine französische Biotech-Firma weltberühmte Sportpferde geklont habe. Dressur- und Springpferde werden in der Regel als Jungtiere kastriert, die Wallache können folglich keine Nachkommen erzeugen und deshalb ihre sportlichen Fähigkeiten auch nicht vererben. Die Klonierungsfirma *Cryozootech* in Paris wirbt mit dem Slogan: „*Gestern kastriert – morgen der Vater ihrer Fohlen*". Ein Klonpferd kann man für 250 000 Euro erwerben. Vom 24-jährigen Wallach *Pieraz*, der seinen Reiter zum zweimaligen Weltmeister im Distanzreiten gemacht hatte, wurde schon ein Duplikat angefertigt, ebenso vom weltberühmten Springpferd *Quidam de Revel*. Das mit drei Millionen Preisgeld erfolgreichste Springpferd der Geschichte, *E.T.*, das vor etwa zwei Jahren eingeschläfert werden musste, soll als Klon wiedergeboren werden. Die Auftraggeber erhoffen sich, dass die Retortengeschöpfe eines Tages, ebenso wie ihre berühmten Zellspender, Preise abräumen werden. Zuchtexperten warnen aber, man könne nicht voraussehen, ob die Klonpferde jemals die gewünschten sportlichen Leistungen erbringen können. Außerdem ist fraglich, ob diese Laborgeschöpfe den gewünschten Gesundheitsstatus erreichen und beibehalten. Hierzu äußerte sich der Zuchtleiter des Holsteiner Verbandes Thomas Nissen:

> „*Wenn ich mir die hohe Missbildungsquote beim Klonvorgang ansehe, frage ich mich sowieso, ob das mit dem Tierschutz noch vereinbar ist.*" (Stampf & Thome, 2006, S. 142)

Das Klonen von Tieren weist eine äußerst geringe Erfolgsquote von weniger als 1 % auf. Geklonte Tiere haben vielfach Defekte, die Missbildungsquote ist sehr hoch und sie altern vorzeitig. Viele Klontiere sterben oftmals vor oder kurz nach der Geburt. Überlebende Klonduplikate entwickeln meistens Krankheiten, die dem Alter des Kernspenders entsprechen. Aufgrund der geringen Erfolgsquote beim Klonen und wegen des hohen Gesundheitsrisikos der Klontiere stellt sich die Frage, ob das Klonen bioethisch zu rechtfertigen und mit dem Tierschutz vereinbar ist.

Bemerkenswert ist, dass das Klonen von Tieren nach Auffassung der Bundesregierung unter die Biostoffverordnung vom 27. Januar 1999 (BGBI S. 50) fällt, deren Zweck es nicht ist, die Tiere zu schützen, sondern den Schutz der Beschäftigten vor Gefährdung ihrer Sicherheit und Gesundheit bei Tätigkeiten mit biologischen Arbeitsstoffen zu gewährleisten. Dadurch wird zwar ein biologisches Phänomen, nicht aber der komplexe Themenbereich „Klonen" tangiert.

Exkurs: „Der kategorische Klon. Wie Bioethik-Experten Kant instrumentalisieren."

(Kissler, 2006, S. 12)

Die deutsche *Zentrale Kommission zur Wahrung ethischer Grundsätze in der Medizin und ihren Grenzgebieten*, die die Ethik und nicht die Moral auf ihren Banner trägt, hat in einer jüngsten Erklärung das therapeutische Klonen nicht mehr grundsätzlich verdammt. Problematisch erscheine jedoch das Klonen von Embryonen mit dem Zweck, sie forschend zu verbrauchen, weniger problematisch sei die Verwendung überzähliger Embryos. Nach Ansicht der Ethiker würde Kant das Klonen nicht prinzipiell ablehnen. Einigkeit besteht anscheinend darüber, dass das humane reproduktive Klonen zu verbieten sei, weil der Klon das Mittel für fremde Zwecke wäre, was Kants Ansicht in der *Metaphysik der Sitten* (1797) widerspräche, denn man solle so handeln, dass der Mensch *„jederzeit zugleich als Zweck, niemals bloß als Mittel"* gebraucht werde. Beim reproduktiven Klonen wäre der Klon das Mittel für fremde Zwecke, nicht aber beim therapeutischen Forschungsklonen, dessen alleiniger Zweck es sei, menschliches Leid zu verringern (Kissler, 2006, S. 12).

3.4.2 Stammzellforschung

Stammzellen können sich zu jedem Zelltyp eines Individuums entwickeln und sind aufgrund dieser Pluripotenz äußerst wandlungsfähig. Durch Manipulationen im Labor gelingt es, Stammzellen in die jeweils gewünschte Körperzelle umzuwandeln. Diese Zellen sollen zur Behandlung von Krankheiten besonders geeignet sein. Mit Hilfe der Stammzelltechnik hofft man, dass bald neue Therapien für genetisch bedingte Krankheiten (z. B. Muskeldystrophie, Diabetes), Krankheiten des Immunsystems oder des Nervensystems (z. B. Alzheimer, Parkinson) zur Verfügung stehen.

„Ratten auf den Beinen – Stammzellkur hilft gegen Lähmung", so titelte die Süddeutsche Zeitung (SZ Nr. 74 vom 29.03.2006, S.16). Um neue Behandlungsmöglichkeiten für Querschnittsgelähmte zu erforschen, wurde bei Ratten das Rückenmark so verletzt, dass eine Querschnittslähmung resultierte. Wissenschaftlern von der Universität Toronto ist es nunmehr gelungen nachzuweisen, dass transplantierte Stammzellen, die aus dem Gehirn gesunder Ratten gewonnen worden waren, zum verletzten Rückenmark der querschnittsgelähmten Ratten wanderten und sich dort an den defekten Stellen integrierten. Im weiteren Verlauf induzieren die Stammzellen die Regeneration der Verletzung (Kamiri-Abdolrezaee, 2006, S. 3377–3389). Diese Erkenntnis wäre ein bedeutender Fortschritt der neuromedizinischen Forschung, wenn sich die Tierversuchsergebnisse auf den Menschen übertragen ließen. Trotz aller bisherigen Experimente mit querschnittsgelähmten Mäusen und Ratten ist jedoch noch keine zuverlässige Therapie für querschnittsgelähmte Menschen in Sicht.

Für die Krebstherapie ist die Verschleppung von Zellen eines bösartigen Primärtumors und deren Ansiedlung als Metastasen in anderen Körperregionen eine schwerwiegende Komplikation. Wenn man z. B. Mäusen Hautkrebszellen injiziert, bilden sich kurz darauf Knochenmetastasen, die bei den Tieren zu Lähmungen führen. Wie das Wissenschaftsjournal *Nature* berichtete, soll das Protein bei Mäusen ermittelt worden sein, das die Krebszellen ins Knochengewebe leitet. Hierbei handelt es sich um das sogenannte *Rankl-Protein*, das normalerweise die Teilung von Knochenzellen anregt. Wurde den Mäusen ein *Rankl* inhibierender Wirkstoff appliziert, so verminderte sich die Metastasenquote im Knochengewebe der Mäuse um ca. 50% (Holstead et al., 2006, S. 692–696).

In einer Studie mit undifferenzierten embryonalen Stammzellen von Mäusen, die in das Gehirn immunsupprimierter Ratten implantiert worden waren (xenologe Transplantation) – bei den Ratten hatte man experimentell die Schlagader (*Arteria cerebri media*) unterbrochen, um einen Schlaganfall auszulösen –, wanderten die Stammzellen über den Balken des Gehirns (*Corpus callosum*) in die Schlaganfallhemisphäre und differenzierten sich dort spontan in Nervenzellen mit Fortsätzen (Neurone) und Zellen mit Stütz-, Stoffwechsel- und Isolierfunktion (Gliazellen). Im Gegensatz hierzu entwickelten sich die

Stammzellen im homologen System (transplantierte embryonale Stammzellen der Maus in das Gehirn von Mäusen mit einem künstlich erzeugten Schlaganfall) nahezu vollständig zu bösartig auswuchernden Tumoren (Teratokarzinome). Warum die Stammzelltransplantate im homologen, nicht aber im xenologen System Tumoren induzierten, ist bisher nicht bekannt. Sollte es sich aber bewahrheiten, dass Stammzellen im homologen System generell Tumoren auslösen, so hätte diese Tatsache schwerwiegende Folgen für die humane Stammzellforschung, da diese in der präklinischen Testung nur im xenologen System auf deren Tumorgenität geprüft werden können.

Aufgrund der heute zur Verfügung stehenden Tierversuchstechniken wird es nicht möglich sein, die Sicherheit humaner embryonaler Stammzellen durch die vorklinischen xenologen Testreihen zu garantieren (Hossmann, 2003, S. 2730). Die embryonalen Stammzellen haben mit den Tumorzellen gemeinsam, dass sie das Oberflächenmolekül CD 133 tragen (Berndt, 2005, S. 13). Warum dieses Molekül vermutlich nur im homologen System aktiviert wird, ist unbekannt.

Die Stammzellendiskussion wird in der Öffentlichkeit nach wie vor intensiv geführt, weil man einerseits den Stammzellen ein großes therapeutisches Potenzial zuschreibt, andererseits aber viele bioethische Fragen noch völlig ungeklärt sind. Mit Experimenten an Tiermodellen versucht man den medizinischen Nutzen einer Stammzelltherapie zu verifizieren, wobei sich aber die Frage stellt, ob die Ergebnisse auf den Menschen grundsätzlich übertragbar sind.

Exkurs: ethische Konflikte in der humanen Stammzellforschung

Die Stammzellforschung ist mit einer Reihe von empirisch relevanten und bioethischen Problemfeldern behaftet. Auch ist in der täglichen Praxis des therapeutischen Klonens, die Gefahr eines Missbrauchs der embryonalen Zellen nicht auszuschließen. Zum Beispiel können bei der Herstellung von autogenen Transplantaten mit embryonalen Stammzellen totipotente Zellstadien (Zellstadien, die befähigt sind, einen ganzen Organismus zu bilden) erzielt werden. Diese wären geeignet für das Klonen von Menschen, was jedoch enorme rechtliche sowie bioethische Konflikte heraufbeschwören würde.

Kritiker führen an, dass bei Gewinnung von embryonalen Stammzellen aus überschüssigen Blastozysten (Keimblasen mit epithelialen Nährzellen und Embryonalknoten), die bei der In-vitro-Fertilisation anfallen, im Endeffekt Embryonen vernichtet werden. Wird hierbei nicht dem Recht auf Leben widersprochen? Müsste man nicht dem außerhalb des Mutterleibs lebensfähigen Embryonalstadium im Reagenzglas bereits eine individuelle Integrität und damit auch moralische Rechte zuerkennen? Ist die Blastozyste ohne Möglichkeit zur Implantation lediglich ein Zellhaufen ohne Würde und Rechte? Hat eine Blastozyste ein Recht auf Leben, nur weil sie das Potenzial zur Entwicklung eines lebensfähigen Individuums in sich trägt? Das Klonen bedarf wegen seiner Tragweite einer stringenten ethischen Abwägung. Die Debatten zu dieser Thematik lassen, je nach pragmatisch-empirischen oder ethischen Hintergrundkonzepten, sehr unterschiedliche Positionen erkennen.

Ab wann kommen Embryonen ein Recht auf Leben und die im GG garantierte Würde zu? Diese Frage entfacht je nach philosophischen, ethischen, theologischen oder juridischen Standpunkten immer wieder heftige Diskussionen und Kontroversen. Laut dem Bundesverfassungsgericht soll einem menschlichen Embryo schon vom Zeitpunkt der Zeugung an die Menschenwürde zuerkannt werden. Kritiker halten dagegen, dass ein Zellknäuel zu keinerlei Empfindungen in der Lage sei, nicht die Fähigkeit zur Selbstachtung besitze und in keinem Fall die Eigenschaften erkennen ließe, die die Würde eines Embryos begründen sollten. In den meisten Fällen wird das Argument akzeptiert, dass erst ab der Nidation ein Embryo die Fähigkeit erhält, sich zu einem Lebewesen mit entsprechender Würde zu entwickeln.

„So sind Keimzellen, befruchtete Eizellen, Blastozysten, eben implantierte Embryonen und Dreimonats-Feten von jedermann akzeptierbar als ‚menschliches Leben' zu bezeichnen. Damit aber zu unterstellen, die Blastozyste im Glasschälchen des Reproduktionsmediziners hätte notwendig schon denselben Status wie der Embryo im Mutterleib, weil beide demselben Begriff genügen, ist ein erschlichenes Argument, wenn nicht, wie im Fall der Oozyste, der Unsinn einer solchen Beweisführung eklatant wird. (…). In vermutlich nicht mehr ferner Zukunft wird man alle Faktoren kennen, die für die Reprogrammierung eines differenzierten Zellkerns in seinen embryonalen Ausgangszustand verantwortlich sind. Dann ist es möglich, jede beliebige Körperzelle zum Ausgangspunkt der menschlichen Embryonalentwicklung zu machen – auch ohne Umweg der Übertragung ihres Kerns in eine Oozyste. (…). Muss man dann medizinische Zellkulturen nicht grundsätzlich verbieten?“ (Kummer, 2001, S. 200).

Mit *in vitro* gezüchteten embryonalen Stammzellen von Mäusen konnte man bereits vor mehr als 20 Jahren zeigen, dass sogenannte „Embryodkörper“ entstehen, die über den Primitivstreifen hinaus selbstständig embryonale Organisationsstrukturen entwickeln, die normalerweise nur nach einer erfolgreichen Nidation der Blastozyste in der Gebärmutter auftreten (Doetschmann, 1985, S. 27–45). Wenn sich eine Grenze zwischen pluripotenten und totipotenten embryonalen Stammzellen nicht mehr kategorisch ziehen lässt, resultieren zwangsläufig bioethische und juridische Fragen. Nach dem Embryonenschutzgesetz (§ 8, Abs. 1) ist die „Totipotenz“ für die Bezeichnung „Embryo“ maßgebend.

Von den Kritikern wird auch bemängelt, dass der im Jahre 2001 von der Regierung Schröder eingesetzte Nationale Ethikrat (www.ethikrat.org) lediglich dazu diene, die moralischen Bedenken gegenüber der Stammzellforschung zu zerstreuen: *„Der Kanzler habe ein Gremium installieren wollen, das weniger von Bedenkensträgern als von Forschungsoptimisten und ‚Standort-Ethikern' besetzt sei und das so in Konkurrenz zur Enquete-Kommission des Bundestages ‚Recht und Ethik in der modernen Medizin' wie auch zum damaligen Forschungsbeirat beim Gesundheitsministerium trete"*. Kennzeichnend sei, dass die Kommissionen bei der Stammzellforschung und beim Klonen gespalten und ihre Voten knapp seien. Der Dissens, der hier geradezu als Qualitätsmerkmal erscheint, sei kein Defizit, sondern Ausdruck weltanschaulicher Heterogenität. Die Wertekonflikte im Bereich der Biomedizin seien nicht durch die beste Ethik behebbar. Das wird am Beispiel der Embryonenforschung deutlich: *„Handelt es sich beim Verbrauch von Embryonen um das Töten von schützenswertem, mit Würde ausgestattetem menschlichen Leben? Oder sind frühe Embryonen im Achtzell-Stadium eher als ‚Zellhaufen' zu begreifen, die für die Forschung in therapeutischer Absicht verwendet werden dürfen, ja angesichts de Heilungsauftrags medizinischer Forschung sogar verwendet werden müssen?"* (Bogner & Merz, 2006, S. 15).
Die Publikation vom Februar 2004 und Mai 2005 des südkoreanischen Stammzellforschers Woo Suk Hwang über die Herstellung maßgeschneiderter menschlicher Stammzellklone, die Hoffnungen auf eine baldige Alzheimer-, Diabetes- und Krebstherapie erweckten, wurde als der phänomenale Durchbruch des Klonens menschlicher embryonaler Stammzellen gepriesen. Allerdings stellte sich bald heraus, dass dieser medienträchtige „Klon-Coup" nur auf Fälschungen und bewusster wissenschaftlicher Irreführung beruhte. Dieser Vorfall versetzte der Stammzellforschung einen gewaltigen Rückschlag.

3.5 Tierversuche für Kosmetika

Nach dem Tierschutzgesetz (§ 7 Abs. 4, 5) sind Tierversuche zur Entwicklung von Kosmetika (aber auch von Tabakerzeugnissen und Waschmitteln) grundsätzlich verboten. Das Gesetz weist jedoch ausdrücklich auf Ausnahmen hin, die durch Rechtsverordnung im Falle von Kosmetika erlassen werden können.

Vielfach wird das Gesetz jedoch umgangen, indem die in der Kosmetikindustrie verwendeten neuen Stoffe als Chemikalien deklariert werden. Nach dem Chemikaliengesetz sind für Neuzulassungen Tierversuche zur Ermittlung der Schädlichkeit der Stoffe für den Menschen zwingend vorgeschrieben.

Für pflegende und dekorative Kosmetika sucht die kosmetische Industrie ständig nach neuen Substanzen, die überwiegend im Tierversuch auf ihre Schädlichkeit für den Menschen untersucht werden. Von den Herstellern von Kosmetika wird aufgrund des Lebensmittel- und Bedarfgegenständegesetzes verlangt, dass sie ihre Produkte einer Sicherheitsprüfung unterziehen. Der *Draize-Test*, bei dem Kaninchen die zu testenden Substanzen in die Augen geträufelt bekommen, hat hierbei als gängiger Schleimhautverträglichkeitstest eine traurige Berühmtheit erlangt. Die Testsubstanzen können Bindehautreizungen, Verätzungen oder die Zerstörung des Auges hervorrufen. Die Giftigkeit einer Substanz wird dann mit dem LD_{50}-Test (Ermittlung der letalen Dosis einer Substanz, bei der 50 % der Tiere sterben) bei Mäusen und Ratten ermittelt.

Internationale Firmen weichen oftmals dem Tierschutzgesetz aus, indem sie ihre Roh- und Wirkstoffe für Kosmetika in jenen Ländern im Tierversuch testen, in denen die gesetzlichen Vorschriften nicht streng ausgelegt werden oder diese dort gar nicht existieren. Der EU-Kosmetikrichtlinie zufolge sollen Tierversuche für Kosmetika stufenweise abgebaut werden. Ab dem Jahre 2009 soll EU-weit ein Tierversuchsverbot für Inhaltsstoffe (Konservierungsstoffe, Duftstoffe, Tenside u. a.) von Kosmetika in Kraft treten. Darüber hinaus sprach sich das Europäische Parlament dafür aus, auch den Handel von Kosmetika, die bereits einen Tierversuch in Europa durchlaufen hatten, künftig zu verbieten. Kosmetische Produkte aus außereuropäischen Ländern, die in Tierversuchen getestet wurden, dürfen dagegen nach wie vor in der EU vermarktet werden (Deutscher Tierschutzbund, 2005, S. 1–44).

3.6 Tierversuche zur Ermittlung kanzerogener Stoffe

Seit dem man erstmals 1915 einen Tierversuch mit Ratten vorgenommen hatte, um das karzinogene Potenzial von Teer zu ermitteln, werden weltweit unzählige derartige Bioassays mit verschiedenen Tierarten (z. B. Ratten, Mäusen, Hamster, Nerze, Hunde, Affen, Hühner) durchgeführt. Da die gegenwärtig erhältlichen Daten über das Krebs erregende Potenzial von Chemikalien, Wirkstoffen, Umweltstoffen etc. für den Menschen noch sehr spärlich sind, erhofft man sich aus den Tierversuchen weitere Informationen, um das Krebsrisiko für den Menschen abschätzen zu können. Hierbei nehmen verschiedene Institutionen eine Vorreiterrolle ein, wie z. B. die *World Health Organisation's International Agency for Research on Cancer (IARC),* die *US Environmental Protection Agency (EPA)* sowie das *Integrated Risk Information System* der USA.

Ein berechtigtes Anliegen der menschlichen Gesellschaft ist es, dass sie vor karzinogenen Chemikalien und Stoffen geschützt wird. Die Klassifizierung des kanzerogenen Potenzials eines Stoffes wird jedoch lediglich aus Tierversuchen abgeleitet, da in den meisten Fällen direkte Expositionsdaten für den Menschen fehlen. Die Übertragung der Ergebnisse aus den Tier-Bioassays auf den Menschen erweist sich aber als sehr problematisch. Eine neuere Studie aus den USA zum Beispiel belegt, dass bei 93 von 160 am Tier getesteten Chemikalien (58,1 %), die für den Menschen als potenziell kanzerogen eingestuft wurden, falsche Vorraussagen für den Menschen abgeleitet worden waren (Knight et al., 2006, S. 19–27).

Die Ergebnisse aus den Tierversuchsreihen, die mit identischen Chemikalien von zwei Institutionen (*EPA* und *IARC*) durchgeführt worden sind, wurden verglichen. Man stellte fest, dass die unterschiedlichen Ergebnisse zur Abschätzung des kanzerogenen Potenzials von Chemikalien für den Menschen aus Tierversuchen insbesondere auf profunde Abweichungen innerhalb der durchgeführten Bioassays sowie auf die unterschiedlichen Reaktionsmechanismen bei Tier und Mensch zurückzuführen waren (Knight et al., 2006, S. 19–27). Die Studie von Knight und Mitarbeiter belegt, dass auf der Versuchsseite unterschiedliche Tierarten (Mäuse 92,4 %, Ratten 86,7 %, Hamster 14,6 %), unterschiedliche Geschlechter sowie verschiedene Zuchtstämme verwendet wurden. Es wird allgemein vermutet, dass Ratten und Mäuse in gleicher Weise auf ein kanzerogenes Potenzial von Stoffen reagieren. Dass dies nicht so ist, beweist das Beispiel Aflatoxin B1: Mäuse sind resistent gegenüber dem Krebs erregenden Aflatoxin (Schimmelpilzgift von *Aspergillus flavus*), weil sie, nicht aber Ratten, über den biochemischen Entgiftungsweg mit Glutathion-S-Transferase mYc verfügen. Weiterhin sind männliche Ratten für eine Tumorgenese weit mehr empfänglich als weibliche, bei Mäusen ist dies umgekehrt. Hierzu äußerte sich der Toxikologe Di Carlo:

> „*It is painfully clear that carcinogenesis in the mouse cannot now be predicted from positive data obtained from the rat and vice versa.*" (Di Carlo, 1984, S. 409–413)

Um die Tiere den zu prüfenden Chemikalien auszusetzen, werden verschiedene Applikationsarten (Inhalation; subkutane, intramuskuläre, intraperitoneale, intrapleurale, intratestikuläre, intravenöse Injektion; Implantation; Intubation; orale Darreichung von kontaminierten Wasser und Nahrung) angewandt, die zwangsläufig zu unterschiedlichen Resultaten hinsichtlich der befallenen Organsystemen führen. Eine quantitative und qualitative Extrapolation zwischen den einzelnen Applikationsarten erweist sich als sehr problematisch. Die neoplastischen Veränderungen in den multiplen Organsystemen der Versuchstiere beruhen mehr auf applikations- und dosisabhängigen Effekten, als auf einer echten stoffinduzierten Karzinogenese.

Auch das Handling der Versuchstiere wirkt sich auf das Versuchsergebnis aus. Der daraus resultierende Stress beeinflusst die Hormonregulation, führt zur Immunsuppression (Verminderung von Immunglobulin G) und erhöht die Empfänglichkeit für pathogene Organismen und Neoplasien. Als Stressindikatoren wurden bei den Versuchstieren erhöhte Konzentrationen an Corticosteron, Glukose, Wachstumshormon, Noradrenalin, Prolaktin, Thyroid-stimulierendes Hormon und Trijodthyronin nachgewiesen (Knight et al., 2006, S. 29–38).

In einer Studie kommen Knight und Mitarbeiter (2006, S. 19–38) zu dem Schluss, dass die Ermittlung des karzinogenen Potenzials von Chemikalien und Stoffen mit Tieren eine sehr eingeschränkte und mit äußerster Vorsicht zu treffende Voraussage für den Menschen erlaubt.

3.7 Gesetzlich vorgeschriebene Tierversuche

Das Tierschutzgesetz trennt zwischen einer Anzeigepflicht und einer Genehmigungspflicht von Tierversuchen. Die anzeigepflichtigen Tierversuche bedürfen keiner behördlichen Genehmigung. Anzeigepflichtig sind Tierversuche, die ausdrücklich durch ein Gesetz, durch eine Rechtsverordnung, durch das Arzneibuch oder durch einen unmittelbar anwendbaren Rechtsakt eines Organs der EG vorgeschrieben sind (§ 8 TierSchG). Etwa 30% aller Tierversuche gehen auf das Konto gesetzlich vorgeschriebener Testverfahren.

Nach dem Arzneimittel-, Chemikalien-, Abwasserabgaben-, Gentechnik-, Infektionsschutz-, Tierseuchen-, Futtermittel-, Lebensmittel- und Pflanzenschutzmittelgesetz sind Tierversuche vorgeschrieben, um eventuell Schäden für den Menschen zu vermeiden. Im Jahr 2002 wurden 1 066 047 Wirbeltiere für toxikologische Tests und Sicherheitsprüfungen eingesetzt (4. Statistikbericht der Europäischen Kommision 2005). Da man aber nur mittels Analogieschlüssen die Ergebnisse der Tierversuche auf menschliche Verhältnisse transponieren kann, ergeben sich zweckdienliche und bioethisch relevante Probleme.

Ein groteskes Beispiel für die Kollision des Tierschutzgesetz mit den ethischen Prinzipien eines gesetzlich vorgeschriebenen Tierversuches ist der sogenannte *Fischtoxizitätstest*, der bisher mit Goldorfen (*Leuciscus idus*) nach dem Abwasserabgabengesetz (1976) durchgeführt werden musste. Nach diesem Gesetz ermittelte man die Giftigkeit der in natürliche Gewässer (Flüsse, Bäche) eingeleiteten Industrie-Abwässer. Hier ging es allerdings nicht darum, das Einleiten giftiger Abwässer zu verhindern, sondern darum eine Gebühr dafür erheben zu können. Die Gebühr richtete sich jeweils nach der Giftigkeit des Abwassers. Die DIN-Vorschrift Nr. 38412 (20) des Abwasserabgabengesetz schreibt vor, dass das Abwasser stufenweise verdünnt wird. In jeder Verdünnungsstufe sollen sich 3–5 Goldorfen befinden, die den Testzeitraum von 48 Stunden überleben oder infolge der giftigen Inhaltsstoffe des Wassers sterben. Die zu erhebende Gebühr richtet sich nach der Giftigkeit des Abwassers, d. h. je giftiger ein Abwasser ist, desto höher muss verdünnt werden, damit die Fische überleben: Dieser Endpunkt bestimmt die Höhe der Abwassergebühren. Jährlich mussten mehr als 50 000 Fische nach dem Abwasserabgabengesetz ihr Leben lassen.

Das „*Sterben für Gebühren*" (Schmitz, 1989, S. 7–8) offenbart Ungereimtheiten zwischen dem Tierschutz- und dem Abwasserabgabengesetz. Verschiedene Alternativen mit hoher Sensitivität, z. B. Zellkultur-Tests, sind daher zum Fischtest entwickelt worden (Ahne, 1985, S. 480–504; Ahne und Schweinzer, 1993, S. 745–748). Der Gesetzgeber hat aufgrund der zahlreichen Proteste der Tierschützer die DIN-Norm des Abwasserabgabengesetzes schließlich geändert, es wurden aber nicht die gewünschten tierversuchsfreien Alternativen, sondern Fischeier als Testorganismen in das Gesetz aufgenommen (Plenarsitzung des Bundesrats vom 02.04.2004). Hierbei stellt sich allerdings die Frage, ob es ethisch vertretbar ist, dem Lebensrecht eines Fischembryos einen geringeren Wert beizumessen, als einem erwachsenen Fisch. Aus bioethischer Sicht wurden die Prüfstrategie nach dem Abwasserabgabengesetz nicht verbessert.

Nach einem neuen EU-Gesetz sollen alle Chemikalien auf ihre Schädlichkeit im Tierversuch überprüft werden. Man geht hierbei von Tausenden ungeprüfter Chemikalien aus, die z. B. in Gebrauchsgegenständen, Kosmetika, Wasch- und Putzmitteln, Baustoffen sowie der Umwelt enthalten sind. Nach Schätzungen sollen bis zu 45 Millionen Mäuse, Ratten, Kaninchen, Meerschweinchen und Hunde für die Toxizitätstests eingesetzt werden (Gericke et al., 2005, S. 64).

3.8 Tierversuche zur Aus-, Fort- und Weiterbildung

Der § 10 des TierSchG regelt die Durchführung von Tierversuchen zur Aus-, Fort- und Weiterbildung. Hierbei wird das Recht auf Freiheit in Lehre und Forschung (GG, Art. 5 Abs. 3), im Gegensatz zu anderen Grundrechten, durch Gesetze nicht wesentlich eingeschränkt. Das Ziel der Tierversuche zu Lehrzwecken soll sein, individuelle Kenntnisse und Fähigkeiten zu erlangen, die zur Bewältigung des Berufsauftrages (z. B. als Tiermediziner oder Biologe) anstehen. Somit sind Tierversuche für bestimmte Fachrichtungen zum integralen Bestandteil der Aus-, Fort- und Weiterbildung geworden. Einzelne Vorschriften hierzu sind in Approbations-, Studien- bzw. Prüfungsordnungen festgelegt.

> „*Eingriffe am Tier zu Ausbildungszwecken sind in bestimmten Stufen des veterinärmedizinischen Studienganges unerlässlich. Voraussetzung für die Übungen von Eingriffen am Tier sind außer der selbstverständlichen Beachtung der tierschutzrechtlichen Vorschriften und der Wahrung ethischer Grundsätze eine hinreichende praktische und theoretische Vorbereitung.*“ (Tierärztlicher Fakultätentag, Sitzung am 12.11.1982)

Viele Studenten haben Aversionen gegen das Töten von Versuchstieren und sind gegen Experimente an lebenden Tieren. Allerdings äußern sie den Dozenten gegenüber ihren Widerwillen meistens nicht, um ihr Fortkommen im Studium nicht zu gefährden (Bekoff, 2001, S. 145). Die Tatsache, dass es einige Studenten der Biologie und Tiermedizin wagten, die Frage nach der Zulässigkeit von Tierversuchen gerichtlich prüfen zu lassen, schaffte Raum für öffentliche Diskussionen.

Am 30. April/1. Mai 1992 titelte die Münchner Abendzeitung (S. 38) „*Student will keine Tiere töten – Richter zwingen ihn dazu*“. An der Tierärztlichen Fakultät der LMU München hatte ein Student seine Berufskarriere riskiert, weil er den verantwortlichen Kursleiter vor dem Bayerischen Verwaltungsgericht wegen tierquälerischer Auflagen während des physiologischen Praktikums verklagt hatte. Die Klage des Studenten wurde allerdings mit der Begründung abgewiesen, dass *„ein Student nicht per Gerichtsbeschluss die Lehrpläne umsetzen kann"*.

Vom Fachvertreter wurde argumentiert, dass nach § 24 der damals gültigen Approbationsordnung für Tierärzte die Teilnahme an den Übungen des physiologischen Praktikums im Rahmen eines ordnungsgemäßen Studiums Pflicht sei. Da in der Approbationsordnung für Tierärzte über die inhaltliche Ausgestaltung der Übungsaufgaben im Prüfungsfach Physiologie keine nähere Regelung enthalten ist, obliegt die inhaltliche Gestaltung der Übungsaufgaben dem verantwortlichen Lehrstuhlinhaber. Er hat das Recht, im Rahmen seiner Lehrfreiheit (GG, Art. 5 Abs. 3) Inhalt und Anforderungen des Praktikums zu bestimmen. Nach diesem Bestimmungsrecht ist auch zu entscheiden, ob und in welchem Umfang Präparierübungen an Tierkörpern vorgenommen werden, die zur Erreichung des Studienziels sinnvoll erscheinen (BayVGH vom 18.10.1988). Im oben angeführten Fall wurde dem Studenten vom Versuchsleiter erklärt, dass er nach der Aufgabenverweigerung nicht weiter an den Übungen teilnehmen und somit keinen Schein über eine regelmäßige und erfolgreiche Teilnahme erwarten könne.

Exkurs: Beispiel aus dem zoophysiologischen Praktikum „Versuche am spinalen Frosch"

(Schlieper & Möhres, 1965, S. 163–164)

„Zunächst wird das Versuchstier von dem Kursleiter dekapitiert. Zu diesem Zweck fasst man den vorher durch Kopfschlag betäubten Frosch mit der linken Hand vom Rücken her so um den Leib, dass die Hinterbeine frei herabhängen und die Vorderbeine zwischen Zeige- und Mittelfinger festgeklemmt werden. Dann führt man das eine Blatt einer kräftigen Schere von der Seite her in die Mundöffnung des Frosches ein, sodass die Schneide die beiden Mundwinkel berührt. Das andere Scherenblatt wird möglichst weit nach hinten bis über den Nacken zurückgedreht. Man schneidet nun mit einem raschen Schnitt die ganze Kopfhälfte ab. Das in dem abgeschnittenen Oberschädel gelegene Gehirn wird sofort mit einer Stricknadel durchbohrt. (…) Das Präparat wird dann mit dem Unterkiefer an einem Stativ befestigt, sodass es senkrecht nach unten hängt. Man wartet einige Minuten, bis die durch den Operationsschock zunächst stark herabgesetzte Erregbarkeit wieder normal ist und führt dann folgende Versuche aus: Beinanziehreflex, Wischreflex, Bestimmung der Reflexzeit. Um das Verhalten des Versuchstieres nach Zerstörung des Rückenmarks zu überprüfen, wird das Rückenmark des bisher benutzten Präparates durch Einführung einer Stricknadel in den Wirbelkanal zerstört. Während dieses Ausbohrens der Nervensubstanz treten heftige Beinbewegungen auf. Nach Zerstörung des Rückenmarks ist es nicht mehr möglich, die oben beschriebenen Beinreflexe auszulösen. Hierdurch ist der Beweis erbracht, dass die Bahnen der betreffenden Reflexe durch das Rückenmark gehen."

„Die Behauptung, dass das Sezieren und Manipulieren von Gewebeproben und Organen von Tieren notwendige Bestandteile wissenschaftlicher Forschung seien und dass die Studenten dadurch auf die Herausforderungen ihres künftigen Berufes vorbereitet würden, ist unwissenschaftlich, solange es an Daten mangelt, die diese Aussage stützen. (…). Die Durchführung von Tierversuchen ist kein unverzichtbares Element, um etwas über das Leben zu lernen. Zur Tierquälerei gibt es immer Alternativen.“ (Bekoff, 2001, S. 149–150)

Heute vertreten die meisten Fachvertreter den Standpunkt, dass die ethischen Prinzipien der Vermeidung und Verminderung von Übel beim Umgang mit Tieren auch bei der Ausbildung zu beachten sind. Die Versuche am lebenden Tier werden im physiologischen Praktikum zunehmend durch Lehrfilme, Videoaufnahmen oder Computer-Simulation ersetzt. Allerdings ist insbesondere im chirurgischen Bereich der Einsatz von Alternativmethoden beschränkt, weil die entsprechenden Techniken nur am lebenden Tier erlernt werden können. Auch hier muss die Maxime der Schmerz- und Leidvermeidung Vorrang haben. Sinnvoller Weise werden kurative chirurgische Eingriffe mit dem Erwerb technischer Fähigkeiten unter kompetenter Anleitung kombiniert.

Für die Aus-, Fort- und Weiterbildung in der Orthopädie und Unfallchirurgie kommen Schafe oder Hunde zum Einsatz, um z. B. Bandscheibenprothesen, Kreuzbandplastiken oder Gelenk- oder Wirbelkörperersatz zu erproben. Da sich jedoch bei einem Vierfüßergang die Gelenk-, Bänder-, Sehnen- und Muskelbelastungen völlig anders als beim Zweifüßergang auswirken, ist die Übertragbarkeit von Versuchsergebnissen auf den Menschen sehr fraglich (Gericke et al., 2005, S. 60).

In den USA werden jährlich 10 Millionen Wirbeltiere zu Ausbildungszwecken benutzt, wobei etwa 90 % der Tiere aus der freien Natur stammen (Bekoff, 2001, S. 144). Für die Aus- und Weiterbildung wurden 2003 laut deutschem Tierschutzbericht 41 498 Tiere eingesetzt.

4 Bioethische Aspekte

Der Begriff Ethik (gr. ta ethika = das die Sittlichkeit, Gesinnung betreffende; ethos = Sitte, Brauch) ist als praktisch orientierter Teil der Philosophie mit den griechischen Philosophen Platon (427–347 v. Chr.) und Aristoteles (384–322 v. Chr.) untrennbar verbunden. In Zeiten des Verfalls der Volksmoral im antiken Griechenland stellten die griechischen Philosophen die Wertung von Handlungen, deren Beurteilung und das Wesen des sittlichen Guten in den Vordergrund ihrer philosophischen Lehren.

Die Bioethik (gr. bios = Leben), die auf der aristotelischen naturalistischen Ethik fußt, unterscheidet sich von dem idealistischen Standpunkt Platons dadurch, dass sie die Zugehörigkeit des Menschen zur Natur anerkennt und empirische Begründungen zulässt. Als Teil der Natur kann sich der Mensch in seinen Verhaltensweisen nicht völlig von den Naturgesetzen lösen.

Varianten der naturalistischen Ethik sind der auf Aristoppos (ca. 435 v. Chr.) zurückgehende *Hedonismus* (gr. hedone = Lust, Genuss, Vergnügen), die Lehre vom Verhalten, das sinnlich erfahrbare Lust und Freude erzeugt, sowie der von Jeremy Bentham (1780) und John Stuart Mill (1871) begründete *Utilitarismus* (lat. utilis = nützlich), bei dem es um die Maximierung von Glück (Lust) und Leidminderung (Unlust) geht.

Der Ziel orientierte (teleologische) *Utilitarismus* fußt auf den moralischen Prinzipien der Gleichheit und der Nützlichkeit. Moralische Verhaltensweisen sind dann gerechtfertigt, wenn daraus *„das größte Glück der größten Zahl"* (Bentham, 1780) resultiert. Die moralische Richtigkeit einer Handlung ergibt sich daraus, inwieweit im Verhältnis zu anderen Handlungen das beste Ergebnis für alle Beteiligten erzielt werden kann. Dieses sollte einerseits in der Vermehrung von Freude und Glück oder andererseits in der Bewahrung vor Leid und Unglück bestehen. Der moderne Utilitarismus, der auch das Leiden nichtmenschlicher Wesen mit einbezieht, wird im Rahmen des Tierschutzes insbesondere von den Philosophen Patzig (1986) und Singer (1997, 1982) vertreten.

Singer sieht im Sinne des *hedonistischen Utilitarismus* die Maximierung der Lust als das höchste Gut an und folgert, dass Handlungen, die der Maximierung der Lust dienlich sind, dem oberstes Moralprinzip gerecht werden. Singer weitet sein hedonistisches Moralprinzip auch auf die Tiere mit Bewusstsein aus, bei denen er die Lustempfindung als einzigen moralisch relevanten Wert erkennt (Singer, 1994, S. 166). Hierbei ergibt sich jedoch die Frage, wie man Lustempfindungen bei Tieren objektivieren kann. Von Kritikern wird Singers utilitaristisches Ethikkonzept allerdings nicht akzeptiert, weil es an Argumenten mangelt, die das hedonistische Prinzip in seinem Sinne zum höchsten Gut erheben könnten.

Die Bioethik kann auch als „evolutionäre Ethik" aufgefasst werden, die die Stellung des Menschen nicht losgelöst von der Gesamtentwicklung des Lebendigen auf dieser Erde sieht. Charles Darwin (1809–1882) hatte bereits erkannt, dass die selektive Evolution auch ein moralisches Verhalten unter den Arten hervorruft. Im evolutionären Kontext dient das moralische Verhalten nicht nur den egoistischen Tendenzen einzelner Individuen einer Population, sondern die individuellen Verhaltenweisen sollen vielmehr im altruistischen Sinne auch für die Gemeinschaft nützlich sein. Dieser evolutionär geprägte Begründungsansatz der Bioethik erkennt im moralischen Verhalten eine Voraussetzung zur Bestandssicherung der Arten und Lebensgemeinschaften in einer intakten Umwelt. In diesem Zusammenhang sind sowohl die Menschen als auch die Tiere als Naturphänomene zu achten, die jeweils ein Recht auf Leben, auf Integrität und auf ein individuelles Wohl haben.

Aus dem radikalen *Anthropozentrismus* (gr. anthropos = Mensch; kentron = Mittelpunkt), nach dem nur der Mensch einen moralischen Rechtsstatus für sich in Anspruch nehmen kann und aus der Logik, dass Handlungen mit nicht-menschlichen Lebewesen keiner direkten Rechtfertigungspflicht unterliegen, wird fälschlicherweise ein uneingeschränktes Verfügungsrecht über die Tiere und die gesamte Natur abgeleitet. Dies führt zu der irrtümlichen und weit verbreiteten Auffassung, dass die Menschen zwar ererbte und ureigenste Verfügungsrechte über die Natur haben, aber der Natur keine Pflichten schulden. Die Diskussion, ob die Menschen demnach Verpflichtungen gegenüber den Tieren haben und ob man nicht-menschlichen Wesen überhaupt einen moralischen Status zubilligen muss, dauert weiterhin an.

„*Was heute an Millionen von Versuchstieren geschieht, muss aus dem einzigen Grunde verboten werden, weil es mit der Selbstachtung der menschlichen Rechtsgemeinschaft unvereinbar ist.*“ (Spaemann, 1979, S. 33)

Exkurs: Tierethik

Die moralisch relevanten Zusammenhänge, die sich aus dem menschlichen Umgang mit Tieren ergeben, werden auch vielfach in der philosophische Disziplin „Tierethik“ subsumiert. Nach einer gängigen Lehrmeinung umfasst der Begriff „Tiere“ ein- oder mehrzellige Lebewesen mit einem speziellen (eukaryotischen) Zellaufbau, die sich von organischen Stoffen ernähren (heterotrophe Ernährungsweise) und die zur individuellen Ortsveränderung (ausgenommen die festsitzenden Tiere, wie z. B. die Schwämme, die Seelilien oder die Seepocken) fähig sind. Mit dieser Definition wird versucht, die Tiere von den Pflanzen, Pilzen und Mikroorganismen abzutrennen. Systematisch unterteilt man das Tierreich in die zwei Unterreiche Einzeller (Protozoa, mit etwa 40 000 Arten) und Mehrzeller (Metazoa, mit etwa 1,5 Millionen Arten).

Die meisten Tierethiker richten ihr Augenmerk hinsichtlich des ethischen Status der Tiere aber nicht auf die gesamte Tiergemeinschaft, sondern nur auf die tierischen Lebewesen, von denen man annimmt, dass sie zur Schmerz- und Leidempfindung fähig sind. Hierbei stehen die Tiere an erster Stelle, die über ein zentrales Nervensystem verfügen. Zwangsläufig

richtet sich dann der Blick auf die Wirbeltiere (Vertebrata), die damit bevorzugt Gegenstand der ethischen Auseinandersetzungen sind. Demnach bezieht sich die „Tierethik" lediglich auf den Stamm der Chordaten und speziell auf den Unterstamm der Wirbeltiere, die restlichen 29 Tierstämme werden nur marginal oder gar nicht von der Tierethik erfasst.
Die pauschal-summarische Kategorie „Tiere", die in dem Begriff „Tierethik" ausgewiesen ist, müsste aber definitionsgemäß alle tierischen Lebewesen – vom Wimperntierchen bis zum Blauwal – umfassen. Der Einbezug aller Tiere in die ethischen Konzeptionen führt aber offensichtlich zu unlösbaren Wertungskonflikten. Aus Albert Schweitzers Konzeption *„Ehrfurcht vor dem Leben"* (Schweitzer, 1962) lassen sich bereits im Alltag ethische Konfliktsituationen ableiten. Diese Konfliktsituation wird noch verschärft, wenn man die parasitisch lebenden Tiere (Endoparasiten, wie z. B. die Bandwürmer, die Leberegel, oder Ektoparasiten, wie z. B. Läuse, Stechmücken, Zecken) in die Moralkonzeption der „Tierethik" einbezieht. Zwangsläufig kollidiert hier die „Tierethik" mit den Aufgaben der human- und veterinärmedizinischen Parasitologie. Das theoretische Denkmodell „Tierethik" wird seinem Anspruch nicht gerecht, wenn die moralische Konzeption nur auf die höher entwickelten Tierarten ausgedehnt wird.

Nach dem aristotelischen Grundsatz soll der Mensch das „gute Leben" anstreben und er ist aufgefordert, sein Dasein nicht auf Kosten seiner Mitgeschöpfe und der Umwelt zu fristen. Der tägliche Umgang mit den Tieren lässt jedoch erkennen, dass ihre moralischen Rechte immer noch der puren Anthropozentrik geopfert werden. In Anbetracht der sittlich-moralischen Defizite bei der Behandlung von Tieren ist es die Aufgabe der Ethiker, das „Seinsollende" immer wieder anzumahnen.

Viele der ethischen Argumente versuchen die Befürworter von Tierexperimenten jedoch als weltfremd abzuurteilen. Basierend auf der Anthropozentrik werden die ethischen Einwände entsprechend differenziert. Es kommt immer wieder zur Diskussion, ob Tiere überhaupt moralisch relevante Eigenwerte besitzen können, die dem Menschen Pflichten ihnen gegenüber abverlangen. Ausgehend vom radikalen Anthropozentrismus wird gefolgert, dass nur dem Menschen ein moralischer Status zukomme, weil nur ein menschliches Wesen über Selbstbewusstsein, Sprachfähigkeit, Vernunft und Personalität verfüge. Hieraus wird (an die Kant'sche Moralkonzeption erinnernd) abgeleitet, dass diese Fähigkeiten dem Menschen seine einzigartige Stellung in der Natur sowie seine Verfügungsrechte über diese verleihen. Deshalb könne der Mensch auch keine direkten Rechtfertigungspflichten gegenüber den Tieren haben. Diese Ansicht verleitet jedoch auch zu der Annahme, dass Tierversuche moralisch akzeptabel seien.

Insbesondere bei Tierversuchsvorhaben ist die Beachtung bioethischer Grundsätze jedoch verpflichtend. Nach der Helsinki-Deklaration der medizinischen Ethik (1975) bezeichnet man Tierversuche nur dann als unabdingbar, wenn die Prüfung einer medizinischen Fragestellung oder eines Therapieansatzes hohes Überlebens- oder Schadensrisiko besitzt. Die Deklaration von Helsinki, die im Oktober 2000 in Edinburgh novelliert wurde, gilt als allgemeiner Standard der ärztlichen Ethik. Diese Deklaration, in der die ethischen Grundsätze ärztlichen Handelns niedergelegt sind, soll auch den nach Landesrecht etablierten öffentlich-rechtlichen unabhängigen Ethikkommissionen als Richtlinie zur Beurteilung der ethischen Vertretbarkeit von Tierversuchsvorhaben dienen. Infolge divergierender Standpunkte, unterschiedlicher Prämissen und Versionen der Normadressaten einer Kommission wird jedoch in vielen Fällen bei multizentrischen Studien die ethische Vertretbarkeit eines Tierversuches sehr diskrepant beurteilt, woraus Interessenkonflikte entstehen. In solchen Fällen ist es kaum möglich, einheitliche Ethikvoten zu erzielen.

Das ethische Dilemma wird dadurch verschärft, dass die Bio-Wissenschaften mehr und mehr in Gebiete eindringen, die, wie z. B. die molekulargenetischen Forschungen, die Stammzellforschung oder die Klonierungsstrategien, den Menschen auch zunehmend ethisch überfordern.

4.1 Interessen der Tiere

Nach Bentham (1780) ist die Fähigkeit zu genießen oder zu leiden, die wesentliche Voraussetzung um überhaupt eigene Interessen haben zu können. Ist ein Wesen aber dazu nicht fähig, gäbe es nichts zu berücksichtigen.

> *„Deshalb ist die Grenze der Empfindungsfähigkeit die einzig vertretbare Grenze der Rücksicht auf die Interessen anderer.*" (Singer, 1997, S. 21)

Mit seinem Buch *Animal Liberation* (1975) unternahm der australische Philosoph und Professor für Bioethik, Peter Singer, den Versuch, neue bioethische Maßstäbe in Bezug zu den Tieren zu setzen. Höher entwickelte Tiere würden eine Vergleichsgröße bilden, zu deren Gunsten das Konzept der Menschenwürde revidiert werden müsse. Singer geht von einer utilitaristischen Basis aus, die die Interessen der Tiere mit denen der Menschen gleichsetzt und fordert deshalb moralische Rechte für die Tiere ein. Insbesondere prangert er die Diskriminierung tierischer Interessen aus purem Artegoismus (Speziesismus) an. Die meisten Menschen seien Speziesisten, die die Interessen der eigenen Art über die Interessen anderer Arten stellen. Singer vertritt die These, dass man vergleichbare Schäden bei Mensch und Tier gleich bewerten müsse und gemäß dieser Position seien auch deren Interessen als gleichwertig anzusehen.

Bei Handlungen mit „bewussten Lebewesen" (damit meint Singer Lebewesen, die die Fähigkeit haben, ihren Interessen und Wünschen nachzugehen) fordert der Philosoph die Orientierung am *hedonistischen Utilitarismus*, der den maximalen Gewinn an Lust für die größte Anzahl der von einer Handlung Betroffenen fordert. Alle Handlungen, die dem *Präferenz-Utilitarismus* (dieser Begriff bezog sich bisher nur auf Personen) eines bewussten Individuums zuwiderlaufen, sind nach Singer moralisch verwerflich. Allerdings setzt der Begriff „Präferenz" (frz. preference = Vorzug, Vorrang, Begünstigung) ein Selbstbewusstsein, Wahlmöglichkeiten und Entscheidungsfreiheit voraus. Nach Frey (1980, S. 109) fehlt aber Tieren ein reflexives Bewusstsein, welches für Erfahrungen und für eigenverantwortliche Handlungen notwendig ist. Kritiker werfen Singer auch vor, dass sein präferenz-utilitaristischer Ansatz empirische Fakten zu ethischen Grundsätzen hochstilisiert.

Exkurs: Bewusstsein

Nach einer gängigen Auffassung versteht man unter Bewusstsein (frühhd. bewissen = sich zurechtfinden) eine klare geistige Verfassung, die Gesamtheit der psychischen Vorgänge sowie das Wissen um geistige und seelische Zustände, Vorstellungen und die Tätigkeit des wachen Gewahrwerdens von Eindrücken. Das wahrnehmende Einzelwesen wird im philosophischen Sinn als Subjekt (das Ich), das was wahrgenommen wird, wird als Objekt (der Bewusstseinsinhalt) bezeichnet. Aus der Ich-Bezogenheit zwischen Objekt und dem Subjekt ergeben sich die jeweiligen Bewusstheitszustände. Die bewusste Wahrnehmung der Umwelt, um daraus entsprechend Handlungen abzuleiten, wird als Kognition (lat. cognitio = das Kennenlernen, Erkenntnis) bezeichnet. Die Neurowissenschaften beschäftigen sich mit Vorgängen im Gehirn, der Basis für die bewussten Fähigkeiten. Über die Frage, ob nur der Mensch kognitive Fähigkeiten besitzt, gehen die Auffassungen nach wie vor auseinander. Das tierische Verhalten zeigt jedoch oftmals eine Plastizität, für die festcodierte Verhaltensprogramme oder bloße Instinkte nicht allein verantwortlich gemacht werden können. Zu diesem Phänomen haben wir allerdings noch keinen direkten Zugang und damit das Problem, wie man diese Ereignisse realisieren, einordnen und definieren soll.

Der amerikanische Verhaltensforscher Donald R. Griffin, einer der Vorreiter der Kognitionsethologie (die Wissenschaft vom Denken und Fühlen der Arten), hat in seinem Buch *Wie Tiere denken* (1985) dargelegt, dass auch nicht-menschliche Wesen ihre Umwelt erkennen sowie verstehen und dass tierisches Verhalten und Handlungen vielfach durch bewusstes Denken erfolgt und nicht bloß instinktabhängig ist. „*Wir halten für sicher, dass Tiere mehrerer Arten wissen, wie sie gewisse Handlungen auszuführen haben, bestimmte (zusammengesetzte) Formen kennen und einige Kenntnisse von Ereignissen haben. Zu letzteren rechnen wir auch die einfühlende Kenntnis von anderen Tieren. Einfühlung – gepriesen von den Intuitionisten und beargwöhnt von den Rationalisten – ist zugegebenermaßen fehlbar, andererseits jedoch unentbehrlich. Ein Tier weiß um (oder bemerkt) den (innerlichen oder äußerlichen) Reiz x dann und nur dann, wenn es x fühlt oder wahrnimmt. Es ist sich nur dann des Gehirnprozesses bewusst, wenn es an x denkt. Das Bewusstsein eines Tieres ist die Gesamtheit aller Zustände seines Zentralnervensystems, bei denen es sich einiger neuraler oder anderer Vorgänge selbst bewusst ist. Die Handlung eines Tieres ist dann und nur dann willentlich (oder absichtlich), wenn sie bewusst und zielgerichtet ist*“ (Griffin, 1985, S. 17). Griffin erkennt bei vielen Tiere bewusstes Denken als ein inhärenter Teil ihres Verhaltens, dem kognitive Prozesse zugrunde liegen. Obwohl diese kognitiven Prozesse bei Tieren mit naturwissenschaftlichen Methoden noch nicht exakt ermittelbar sind, gehen viele Verhaltensforscher davon aus, dass verschiedene Tiere über kognitive Leistungen verfügen. Dafür sprechen nicht nur die bekannten Entscheidungsfindungen der Menschenaffen, der Delphine oder der Kopffüßer, sondern auch Verhaltensweisen vieler Arten des evolutionsbiologisch begründeten Stammbaums.

Im interdisziplinären Ansatz versucht man immer wieder, die empirischen Erkenntnisse der Neurobiologie mit den Ansichten der Geisteswissenschaftler auch im Hinblick auf die Tiere in einer angemessen Form zu diskutieren. Hierzu fand z. B. an der Otto-von-Guericke-Universität in Magdeburg kürzlich eine interdisziplinäre Tagung zum Thema „Bewusstsein" (Stand der interdisziplinären Diskussion, Bewusstsein und Selbstbewusstsein, nicht-menschliche Bewusstseinsformen, Anwendung und Praxisprobleme) statt (Pauen, 2005, S. 10–21). Die Frage, ob bei Tieren nicht-menschliche Bewusstseinsformen auftreten sei von grundlegender Bedeutung, weil diese den Menschen zwinge, „*unseren naiven Anthropozentrismus bei der Zuschreibung von Bewusstsein zugunsten einer grundsätzlichen Klärung der relevanten Kriterien aufzugeben*" (Pauen, 2005, S. 18).

Manuel Bremer hat das tierische Bewusstsein als ein Testfall für die Kognitionswissenschaft gewertet: „*Methodisch sollten nun zwei Dinge im Auge behalten werden: Eine klare Unterscheidung wird möglich verwischt, wenn wir bei Tieren und bei Menschen gleichermaßen von Bewusstsein sprechen. Es mag einen weiteren Begriff geben, der das menschliche Bewusstsein als Spezialfall einschließt, doch müsste dieser dann unterschieden werden vom Bewusstsein, da dieser Begriff fest an den menschlichen Fall geknüpft ist. Ich beginne hier deshalb mit dem Ausdruck ‚Empfindungsfähigkeit', der das Vermögen, etwas zu fühlen, bezeichnen soll, ohne damit zu entscheiden, ob das fühlende System weiß/fühlt, dass es fühlt, oder um sich selbst weiß*" (Bremer, 2005, S. 290). In der Empfindungsfähigkeit wird eine „Art der phänomenalen Bewusstheit" gesehen, die das „Wissen um sich oder ein entsprechendes Subjekt" nicht einschließen muss (Bremer, 2005, S. 292). „*Man könnte spekulieren, dass diese Empfindungsfähigkeit bei Wirbeltieren so etwas wie der Bewusstheit der rechten Hirnhälfte beim gesunden Menschen entspricht. Dabei muss der Organismus um seine Zustände auf eine Art und Weise wissen, ohne dass dies schon Selbstbewusstsein wäre*" (Bremer, 2005, S. 293).

Für Singer gibt es keinen Zweifel, dass der Grenzbereich zwischen Tier und Mensch sehr eng bemessen ist. Infolge seiner präferenz-utilitaristischen These erkennt Singer keinen moralisch relevanten Unterschied zwischen den hoch entwickelten, nicht-humanen Säugetieren und den zur Selbstbestimmung unfähigen Menschen (geistig Behinderte, Menschen im Koma, Säuglinge). Singer plädiert in diesem Zusammenhang für eine Würde, die auch jenen nicht-humanen Lebewesen zukommen muss, die in der Lage sind, Interessen und Wünsche an den Tag zu legen. Er gesteht dies insbesondere den höher entwickelten Tieren zu, die, wie der Mensch, in die Zukunft planen können (Singer, 1997, S. 13f.).

Um die Handlungen mit Tieren ethisch zu rechtfertigen, müssten deren Interessen und Wünsche respektiert werden. Schließlich tritt Singer für die völlige Abschaffung von Tierversuchen ein. Die Anerkennung des Ansatzes, wonach Tiere für Versuche benutzt werden können, die an Menschen nicht zulässig seien, ist für Singer im Sinne des Speziesismus (Ungleichbehandlung von Lebewesen aufgrund deren Art = Spezies) eine ungerechtfertigte Diskriminierung (Singer, 1994, S. 28f.).

Frey prangert an, dass Singer (sowie die anderen Fürsprecher tierischer Interessen) mit einem sprachanalytisch völlig unhaltbaren Interessenbegriff operiert (Frey, 1997, S. 76f.).

Die allgemeine Kritik an Singers Thesen beinhaltet auch die Missachtung moralisch relevanter Eigenschaften des Menschen, die Konzeption der Interessen, die Extrapolation des Personenbegriffs auf die Tiere, die Ausdehnung des hedonistischen Utilitarismus auf die Tiere sowie die Problem behaftete Differenzierung zwischen Tieren mit und ohne moralischen Status (Blumer, 1999, S. 61–63).

Dass Tiere ein Interesse an lebenserhaltenden Maßnahmen und an der Vermeidung von Leid und Schmerzen haben, wird durch deren objektbezogenen Verhaltensweisen erkennbar. Diese Interessen, die man auch als ein zielgerichtetes Streben bezeichnen könnte, werden jedoch mangels sprachlicher Kommunikationsmöglichkeit zwischen Mensch und Tier oft grob vernachlässigt, missachtet, ignoriert oder negiert. Die unterstellte moralische Kluft zwischen Mensch und Tier hinsichtlich Interessen, Bewusstsein, Intentionalität und Gedankenprozessen ist nach Ansicht der Tierschützer nicht akzeptabel. Bei der Ermittlung tierischer Interessen sind wir letztlich auf anthropomorphe Analogieschlüsse angewiesen.

> „*Wir befinden uns somit in einem ‚hermeneutischen Zirkel' – Erkennen ist uns immer nur in den anthropologischen Grundkategorien unserer spezifischen Wahrnehmungsorgane möglich, jegliche Weitergabe und Interpretation bedarf notwendig der Vermittlung durch die menschliche Sprache.*" (Blumer, 1999, S. 63)

4.2 Moralische Rechte der Tiere

Die Rechtsbeziehung zwischen Mensch und Tier ist historisch betrachtet in erster Linie von der jeweiligen ethnologischen, sozialen, religiösen und ökonomischen Situation, in zweiter Linie von philosophischen, ethischen und moralischen Maßstäben einer Epoche geprägt. Von der Frühantike bis in die Neuzeit hinein wurden die Tiere personifiziert und auch nach dem menschlichen Recht entsprechend für ihre begangenen „Missetaten" strafrechtlich verurteilt. Diese Tierstrafen gründeten sich u. a. auf die damalige religiöse Weltanschauung. So steht z. B. im 2. Buch Mose (Exodus, Kap. 21, 28):

> *„Wenn ein Ochse einen Mann oder Weib stößt, dass er stirbt, so soll man den Ochsen steinigen und sein Fleisch nicht essen."*

Die abendländische Rechtsentwicklung hat in Bezug auf Tiere skurril anmutende Regelungen hervorgebracht, wie z. B. den Schutz des Menschen oder seines Eigentums vor dem Tier. In makabren Tierprozessen wurden Tieren wegen ihrer „Missetaten" harte Strafen auferlegt. Hatte z. B. ein Tier Opfergaben stibitzt und gefressen, so wurde es zum Tode verurteilt. Wenn ein Schwein einen Ackerboden durchwühlt hatte, so lautete das Urteil „Zähne ausbrechen". Im Mittelalter wurden Rinder und Schweine wegen ihrer begangenen „Missetaten" gehängt, verstümmelt, lebendig begraben, erschlagen, ertränkt oder enthauptet. Diese unreflektierte Gleichstellung von Mensch und Tier hat aber auch dazu geführt, dass Tiere für ihre „guten Taten" belohnt wurden. So wurde z. B. in einem Prozess gegen Tempelräuber dem Hund, der sie gefasst hatte, eine lebenslange staatliche Fürsorge zugesprochen. Im klassischen römischen Recht musste der Tierhalter im Rahmen einer Haftungsklage für die Schäden aufkommen, die sein Tier verursacht hatte. Man stufte Tiere, ebenso wie Sklaven, Frauen und Kinder, als rechtlich nicht eigenverantwortliche Individuen ein. Später wurden aber auch den Tieren gewisse Rechte zugestanden (Sellert, 1984, S. 66–84).

Im 6. Jahrhundert n. Chr. hatte der oströmische Kaiser Justinian im *Corpus Juris Civilis* festgelegt, dass *„das Naturrecht jenes Recht ist, welches die Natur allen Lebewesen gegeben hat und welches nicht nur dem Menschen eigen ist"*.

In Europa wurden erst ab dem 19. Jahrhundert Tierschutzbemühungen ernsthaft diskutiert. Den geistigen Weg für einen anthropozentrisch ausgerichteten Tierschutz bereitete die Aufklärung. Die Philosophen dieser Epoche (Descartes, Spinoza, Hobbes, Rousseau, Leibniz, Kant) sprachen den Tieren aber die Vernunft ab, weshalb sie lediglich nur Objekte und keine sittliche Verpflichtungssubjekte seien und deshalb auch nicht Träger von Rechten sein könnten. Diese Nichtzuerkennung von Rechten stieß bald auf Widerspruch. So wandte sich z. B. Schopenhauer (1788–1860) gegen die „empörende Rohheit und Barbarei" der Aufklärer und forderte, die Tiere den Menschen in moralischer Hinsicht als Subjekte gleichzusetzen (Sellert, 1984, S. 82–83). Diese Forderung weicht von Kants These ab, die einen moralischen Status nur dem vernunftfähigen Menschen als Verpflichtungssubjekt eines Sittengesetzes beimisst, weil nur der Mensch sich einem Sittengesetz unterwerfen könne.

Theologen, Philosophen, Ethiker, Juristen und Tierschützer vertraten in der Folgezeit weit gehend Schopenhauers Ansichten für einen ethisch motivierten Tierschutz und forderten die Zuerkennung von Rechten zumindest für die Tiere, die in der Lage sind, ihr Dasein bewusst zu erleben, die Schmerz- und Leidensfähigkeit haben, die über kognitive Leistungen verfügen und die ein zur Moral analoges Verhalten an den Tag legen.

Der Philosoph Leonard Nelson verbindet den Besitz von derartigen Interessen mit dem Besitz von Rechten und vertritt die These, dass nur Wesen, die Interessen haben, auch Rechte haben können. Er bezweifelt nicht, dass Tiere Träger von Interessen seien, folglich seien sie auch „logische Subjekte von Rechten", die der Mensch zu respektieren habe (Nelson, 1956, S. 138f.). Hierzu äußerte sich Raymond Frey, Professor für Philosophie in Ohio, USA:

> *„Ich ziehe aus allem den Schluss, dass in Hinblick auf die moralischen Rechte von Tieren die Nelson'sche Position nicht fundiert ist: Der Wahrheitsgehalt der zweiten Prämisse seiner Argumentation – Tiere hätten Interessen – ist bestenfalls zweifelhaft; Tiere müssen aber Interessen haben, wenn sie gemäß der Interessenthese logische Subjekte moralischer Rechte sein sollen."* (Frey, 1997, S. 91)

McCloskey teilt Nelsons Ansicht über Tierrechte, bezweifelt jedoch die Fähigkeit der Tiere, Interessen zu haben (McCloskey, 1965, S. 115f.).

Menschenaffen werden in Anbetracht der vielen anatomischen, physiologischen und genetischen Übereinstimmungen mit dem Menschen stellvertretend für den Menschen bei der Erprobung von Arzneimitteln, Impfstoffen sowie für die Testung neuer biomedizinischer Maßnahmen als Versuchstiere eingesetzt. Tierrechtler leiten jedoch aufgrund der zahlreichen Gemeinsamkeiten innerhalb der Menschenaffen-Familie (*Hominidae*), die Gorillas, Orang-Utans, Schimpansen sowie die Menschen umfasst, eine Verpflichtung ab, unseren nächsten tierischen Verwandten auch Menschenrechte zuzuerkennen. Die Menschenaffen hätten, genauso wie der Mensch, ein Bewusstsein, sie würden Schmerzen empfinden, Ängste haben und sie würden auch wie der Mensch leiden. Die Tierrechtler führen deshalb an, dass man Versuche ohne große moralische Skrupel auch gleich beim Menschen durchführen könnte. Menschenaffen seien zudem selbstbewusst, sie würden planmäßig und zukunftorientiert handeln, sie seien soziale Lebewesen, hätten eine gewisse Moral und sie seien, wie der Mensch, auch zur Empathie fähig. Dies sind Fähigkeiten, die man in ihrer Gesamtheit bisher nur dem Menschen zugesprochen hätte.

Der Argumentation, dass ein Schimpanse einen höheren Intelligenzquotienten aufweisen könne, als ein geistig behinderter Mensch, halten die Gegner entgegen, dass man in diesem Fall den Maßstab nicht bei den Arten, sondern bei dem Individuum ansetzen müsse. Für sie sind die Unterschiede in den psychologischen Fähigkeiten relevant, die zu dem Schluss führen, dass aus biologischer Sicht keine Notwendigkeit abgeleitet werden kann, den Menschenaffen Menschenrechte zuzugestehen (Wagner, 1999, S. 425–429).

> *„Denn im Unterschied zu Kindern und Geisteskranken sind Tiere nicht nur vorläufig oder aufgrund außergewöhnlicher Schäden, sondern grundsätzlich nicht mündige, nicht zurechnungsfähige Wesen. Das gilt für Affen, Delphine oder andere höhere Tiere, die gemäß naturwissenschaftlicher Untersuchungen über ein beachtliches Maß an Intelligenz verfügen.“* (Höffe, 1984, S. 130)

Nach den heutigen Tierschutzgesetzen, die dem Schutz des Lebens und dem Wohlbefinden der Tiere dienen sollen, trägt der Mensch für seine Handlungen mit Tieren eine besondere Verantwortungs- und Rechtfertigungspflicht. Aus den Grundrechten, die zumindest auf die höheren Tiere anzuwenden sind, resultiert ein moralischer Anspruch der Tiere auf Schutz, artgerechte Haltung und körperliche Unversehrtheit.

Zu den bekannten neuzeitlichen Befürwortern von Tierrechten zählen u. a. die Philosophen Peter Singer und Tom Regan, deren Ansichten jedoch hinsichtlich der Begründung der Tierrechte in manchen Punkten auseinandergehen. Während Singer (1997) in der Leidensfähigkeit die Grundlage für den Erwerb von Rechten nach dem Prinzip des Utilitarismus sieht, geht Regan (1984, 1997) von einer formal-rechtlichen Position aus: Für ihn sind die Tiere „Subjekte eines Lebens", die einen Anspruch auf Leben erhaltende Grundrechte haben. Nach Regan seien Tiere zwar keine Personen im rechtlichen Sinne, sie hätten aber wie diese subjektive Gefühle, sie seien zu einem individuellen Wollen fähig und strebten nach einem individuellen Wohl, was unzweifelhaft auf die höheren Tiere zuträfe. Die These der Tierrechtsgegner, es gäbe nur indirekte Pflichten gegenüber den Tieren (man schuldet ihnen nichts, man kann ihnen nicht direkt Unrecht zufügen) ist nach Regans Ansicht irrig und im Allgemeinen nicht akzeptabel.

Regan stellt auch die Position des *Kontraktualismus* gegenüber Tieren grundsätzlich in Frage, der auf einer Regelbindungskonsens basierenden Vertragstheorie beruht, nach der nur die Vertragsunterzeichner zur Rechtfertigung juridischer und moralischer Verordnungen gesicherte Rechte haben und den Schutz aus der Gemeinschaft der Vertragsunterzeichner beziehen können. Tiere hätten als „Nicht-Unterzeichner" des Vertrages, im Gegensatz zu Kleinkindern und geistig Behinderten, für die die menschliche Gemeinschaft unterzeichnet, demnach auch keine Rechte und keinen Schutzanspruch.

Nach allgemeiner Auffassung wird allen Menschen, einschließlich Kleinkindern und geistig Behinderten, ein gewisser inhärenter Wert schon aufgrund menschlicher gefühlsgeleiteter Interessen zugeschrieben. Regan mahnt aber an, dass auch „nicht-menschliche Tiere" moralische Rechte hätten, die unveräußerlich seien. Allen „erfahrenden Subjekten eines Lebens", ganz gleich, ob es sich um menschliches oder nicht-menschliches Leben handelt, würden inhärente Werte und somit auch moralische Rechte zustehen. Verletzungen dieser Werte bedeuten Verletzungen des Grundrechts der „Subjekte eine Lebens", wie Tiere es nun einmal seien.

Raymond G. Frey ging der Frage nach, ob nicht-menschliche Wesen überhaupt moralische Rechte besitzen können und verantwortet die wieder entflammte Diskussion über Tierrechte den Verhaltensforschern und Philosophen. Die Frage sei, *„ob Tiere Wesen sind, die das logische Subjekt von Rechten sein können"* (Frey, 1997, S. 76).

Nach Ansicht von Tom Regan verlangt der von ihm postulierte Rechtsansatz kategorisch die Abschaffung von Tierversuchen:

> *„Labortiere sind nicht unsere ‚Vorkoster', wir sind nicht ihre Könige. Weil diese Tiere routinemäßig und systematisch so behandelt werden, als wäre ihr Wert auf ihre Nützlichkeit für andere reduzierbar, werden sie routinemäßig und systematisch mit einem Mangel an Respekt behandelt; und so werden ihre Rechte routinemäßig und systematisch verletzt. Dies ist nicht allein der Fall, wenn sie für banale, redundante, unnötige oder gar törichte Forschungszwecke verwandt werden; dies gilt ebenso für Forschungen, die einen wirklichen Nutzen für die Menschheit versprechen. (…). Was erforderlich ist, ist nicht nur die Verfeinerung oder die Reduktion von Tierversuchen, sind nicht nur größere, saubere Käfige, ist nicht nur ein großzügiger Gebrauch von Betäubungsmitteln oder das Verbot von Mehrfachoperationen, ist nicht einfach nur die Verbesserung des Systems. Erforderlich ist vielmehr die Abschaffung des ganzen Systems. Das beste, was wir tun können, wenn es um die Verwendung von Tieren in der Wissenschaft geht, ist – sie nicht zu verwenden. Hier liegt dem Rechtsansatz zufolge unsere Pflicht."* (Regan, 1997, S. 45)

Obwohl man aus der Existenz von Tierschutzgesetzen gewisse Tierrechte ableiten könnte, sind bis jetzt von keiner staatlichen Organisation den Tieren individuelle Rechte, wie sie Personen zugestanden werden, explizit eingeräumt worden. Die Kritiker von Tierrechten argumentieren, dass man den Tieren keine Rechte zuerkennen kann, weil sie davon nie Gebrauch machen könnten und weil Rechte die Erfüllung von Pflichten voraussetzen, was auf Tiere nicht zutrifft.

4.3 Würde der Tiere

Die Würde (ahd. wirdig) wird in der Regel als ein nur für den Menschen geschaffener normativer Begriff angesehen. Dem Menschen werden – als geistigsittlich weit entwickeltem Wesen – inhärente, unvergleichliche Werte im Sinne der Kant'schen Zweck-an-sich-Autonomie-These zugeschrieben, aus der sich die Achtung gebietende Würde ableitet. Die Menschenwürde kann weder verloren gehen noch angeeignet werden. Diese kontingente Würde soll es auch verbieten, Mitmenschen zu erniedrigen oder sie als bloße Objekte zu behandeln. Artikel 1, Abs. 1 des Grundgesetz für die Bundesrepublik Deutschland bezieht sich auf die Menschenwürde:

> *„Die Würde des Menschen ist unantastbar. Sie zu achten und zu schützen ist Verpflichtung aller staatlichen Gewalt."*

Würde beruhe auf *„der Autonomie zum selbstgewählten Lebensentwurf"*, was man auf die *„kreatürliche Würde"* nicht übertragen könne, *„es ist folglich etwas ganz anderes gemeint als das Versprechen einer unantastbaren Würde, suggeriert aber sprachlich das Gegenteil"* (Löwer, 2001, S. 43). Pawlik äußerte sich hierzu:

> *„ (...), dass die Weigerung, den Anwendungsbereich eines normativen Begriffes in sinnvoller Weise zu begrenzen, zu einer Überlastung des Begriffes führt. Soll er dann wieder an die soziale Realität herangeführt werden, muss dafür der Preis einer Erosion seines Bedeutungsgehalts gezahlt werden. Nicht selten wird dabei auch der ursprüngliche Begriffskern in Mitleidenschaft gezogen."* (Pawlik, 2002, S. 48)

Den Begriff „Würde" als rechtliche Formel offiziell auch auf die Kreatur (lat. creatura = Geschöpf) auszudehnen, wagte 1992 erstmals die Schweizer Bundesverfassung. Im Artikel 24, Abs. 3 heißt es:

> *„Der Bund erlässt Vorschriften über den Umgang mit Keim- und Erbgut von Tieren, Pflanzen und anderen Organismen. Er trägt dabei der Würde der*

> *Kreatur sowie der Sicherheit von Mensch, Tier und Umwelt Rechnung und schützt die genetische Vielfalt der Tiere und Pflanzenarten.“*

Erst in den letzten Jahren hat man begonnen, die „Würde der Kreatur“ bzw. die „Würde des Tieres“ allgemein in die bioethischen Diskussionen mit einzubeziehen und heute sprechen Tierschützer uneingeschränkt von der „Würde des Tieres“. Hierzu äußern sich die Kritiker: Sollten nicht-menschlichen Lebewesen eine der Menschenwürde entsprechende Würde zugesprochen bekommen, so müssten diese ein Selbstbewusstsein haben und zur Selbstachtung fähig sein, was – ausgenommen vielleicht bei nicht-menschlichen Primaten – sehr umstritten sei.

Auch das österreichische Tierschutzgesetz enthält im § 2,2 einen Passus zur mitgeschöpflichen Würde der Tiere:

> *„Tiere besitzen mitgeschöpfliche Würde. Diese ist im Umgang mit Tieren jeder Art und Bestimmung zu achten und findet ihren Ausdruck insbesondere im Recht jedes Tieres auf einen seiner Art entsprechenden Lebensvollzug.“*

Wenn man den Lebewesen, die über kein Selbstbewusstsein verfügen eine inhärente Würde (s. Schweizer Bundesverfassung 1992, Art. 24, Abs. 3) zugesteht, so erhält diese einen, von der Menschenwürde losgelösten, neuen semantischen Inhalt.

> *„Ein plausibler Weg, diese inhaltliche Bestimmung im Rahmen der intendierten eingeschränkt biozentrischen Position vorzunehmen, könnte sein, dass Kreaturen ein inhärenter Wert zukommt.“* (Balzer et al., 1999, S. 42)

Um den genannten Schwierigkeiten, die sich aus Verwendung des Begriffes „Würde des Tieres“ ergeben, aus dem Weg zu gehen, könnte dieser durch „inhärenter Wert des Tieres“ ersetzt werden. Der inhärente Wert eines Tieres ist je nach evolutionärer Stammeszugehörigkeit zwar nicht absolut, er impliziert aber, dass Menschen sich Tieren gegenüber angemessen moralisch zu verhalten haben, sie nicht erniedrigt (z. B. Zootiere, Zirkustiere), demütigt (z. B. Qualzuchten) oder ihnen gar Leid (z. B. Tierexperimente) zufügt. Es ist in diesem Zusammenhang zu hinterfragen, ob nicht die Menschen durch ihr Verhalten den Tieren gegenüber ihre eigene Würde aufs Spiel setzen.

4.4 Tiere als Mitgeschöpfe

Aus biblischer Sicht werden Tiere unter Hinweis auf den gemeinsamen Schöpfungsakt von Mensch und Tier als „Mitgeschöpfe" bezeichnet, sie seien wie der Mensch von Gott geschaffen und auch gesegnet worden (Gen. 1/2). Allerdings ist die Bibel sehr anthropozentrisch ausgerichtet, die Heilige Schrift geht mit den Mitgeschöpfen nicht sehr fürsorglich und mitleidig um. Abgesehen von dem Bericht über Noahs Tierrettung während der Sintflut, nimmt das Tier im Alten Testament keine ihm gebührend achtbare Stellung ein. Der religiöse Bezug zu Tieren erschöpft sich in Berichten über Ströme von Blut, die von zahllosen Opfertieren bei religiösen Anlässen vergossen wurden. Salomo soll bei einer einzigen Tempelweihe 22 000 Rinder und 120 000 Schafe geopfert haben (Kunzmann, 2005, S. 92).

Die Schöpfungsgeschichte hebt den Menschen als einzigartig heraus und billigt ihm einen Sonderstatus sowie eine Herrschaftsfunktion über seine Mitgeschöpfe zu:

> *„Macht euch die Erde untertan und herrschet über die Fische im Meer und über die Vögel unter dem Himmel und über alles Getier das auf Erden kriecht."* (1. Buch Mose, Kapitel 1, Vers 28)

Nach R. Bartelmus (1993) ist jedoch „Angesichts des Schöpfers" die Ungleichheit von Mensch und Tier irrelevant. Da alle Lebewesen als gleichwertige Geschöpfe Gottes anzusehen sind, sollte man eine mitgeschöpfliche Verbundenheit aus der christlich-theologischen Sicht erwarten.

Die theologische Ethik weist jedoch nicht aus, welche Befugnisse den Menschen im Umgang mit den Tieren zuerkannt werden. Auch die christliche Theologie lässt keine Argumente erkennen, die den ausbeuterischen Handlungen gegenüber den Mitgeschöpfen Einhalt gebieten. Man sollte aus christlicher Sicht aber annehmen, dass der Mensch nicht zum unbeschränkten „Herrscher" über seine Mitgeschöpfe bestimmt wurde. Vielmehr erhielt er als „Sachverwalter von Gottes Schöpfung" einen Fürsorgeauftrag für die Kreatur, wie die Deutsche Bischofskonferenz in 1993 feststellte. Das den Tieren zugefügte Leid steht im Widerspruch zum Fürsorgeauftrag des Menschen und auch zur kirchlichen Barmherzigkeitslehre.

Unter Berufung von Gottes Auftrag leitet jedoch der Mensch fälschlicherweise eine uneingeschränkte Verfügungsgewalt über die Tiere ab, nutzt sie für seine Zwecke, ökonomisiert sie als Handelsobjekte und legitimiert seine Versuche mit Ihnen.

Die Einbeziehung des Begriffes „Mitgeschöpf“ in den § 1 des Tierschutzgesetzes der Bundesrepublik Deutschland soll, in Bezug auf die Schöpfungstheologie, die Menschen auffordern, die Tiere als Mitgeschöpfe zu achten und sie auch den ethisch-moralischen Grundsätzen entsprechend zu behandeln.

Die Umsetzung der Schöpfungstheologie in die tierschutzrechtliche Normierung erscheint allerdings den Kritikern wenig sachdienlich und kaum hilfreich. Kirchenvertreter wie Augustinus (354–430) und Thomas von Aquin (1225–1274) ordneten die Tiere den menschlichen Interessen unter, weil sie ihnen eine „Seelenhaftigkeit“ absprachen (Nida-Rümelin & von der Pforten, 1996, S. 487). Platon (427–347 v Chr.) und Aristoteles (384–322 v. Chr.) hatten den Tieren jedoch eine Seele zuerkannt, diese sei aber nicht, wie beim Menschen, vernünftig und unsterblich.

Von vatikanischer Seite hat Papst Johannes Paul II erstmals zu Experimenten mit Tieren als Geschöpfe Gottes Stellung genommen:

> *„Es muss hervorgehoben werden, dass neue Techniken, wie die Züchtung von Tieren und Geweben eine beachtliche Entwicklung angenommen haben, die einen bedeutsamen Fortschritt in den biologischen Wissenschaften erlaubt. Und diese Techniken ergänzen auch das Tierexperiment. Natürlich stehen Tiere im Dienst des Menschen und können daher Gegenstand von Experimenten sein. Dennoch müssen sie wie Geschöpfe Gottes behandelt werden, die dazu bestimmt sind, dem Wohl des Menschen zu dienen, aber nicht von ihm misshandelt zu werden. Darum entspricht Verringerung der Tierversuche, die nach und nach immer entbehrlicher wurden, Plan und Wohl der ganzen Schöpfung.“* (Der Apostolische Stuhl, 1982, S. 1392–1396)

4.5 Der Gleichheitsgrundsatz

Die Maxime „Gerechtigkeit für Mensch und Tier" ist mit dem Gleichheitsgrundsatz untrennbar verbunden.

> *„Der Gleichheitsgrundsatz ist ein essenzielles Prinzip der Gerechtigkeit."* (Teutsch, 1987, S. 838)

Mit dieser Thematik hat sich bereits Bentham in seinem Werk *An Introduction to the Principles of Moral and Legislation* im 18. Jahrhundert auseinandergesetzt und erklärt, dass es ethisch nicht länger zu vertreten sei, den Tieren eine humane Behandlung vorzuenthalten. Er forderte, den Gleichheitsgrundsatz auch auf die Tiere anzuwenden. Bentham zweifelte nicht daran, dass Tiere Wesen sind, die ebenso wie der Mensch leiden können. Er sieht hinsichtlich der Schmerz- und Leidensfähigkeit Gemeinsamkeiten zwischen Mensch und Tier.

> *„Die Frage ist nicht: können sie verständig denken? oder können sie sprechen? sondern: können sie leiden?"* (Bentham, 1780, Kap. 17. § 1)

Patzig (1986, S. 75) vertritt dagegen den Standpunkt, dass man den Tieren in einem weit geringerem Maße eine Leidensfähigkeit zusprechen kann. Hierzu mangelt es allerdings an empirischen Beweisen und es stellt sich die Frage, ob man generell von „den" Tieren im qualitativen Bezug zur Leidensfähigkeit sprechen kann.

> *„Wendet man nun den in jeder ethischen Rechtsbetrachtung unbestrittenen Gleichheitsgrundsatz an, so ergibt sich eine doppelte Forderung: Weil einerseits Menschen und Tiere trotz mancherlei Unterschiede in Fähigkeit, Schmerz und Angst zu empfinden, im Prinzip gleich sind, besteht das sittliche Gebot, auf die Schmerz- und Angstfähigkeit nicht nur beim Menschen, sondern auch beim Tier Rücksicht zu nehmen. Da andererseits nur der Mensch, nicht das Tier sittliche Verantwortung tragen kann, hat das Gebot als einzigen Adressaten (Subjekt) den Menschen, obwohl es als Anwendungsbereich (Objekt) auch die Tiere umfasst."* (Höffe, 1984, S. 117)

Der Unterschied hinsichtlich der biologischen Gegebenheiten zwischen Mensch und Tier erfordert zwangsläufig:

> *„Gleichbehandlung im Gleichheitsfall und Andersbehandlung im Falle des Verschiedenseins“.* (Teutsch, 1987, S. 840)

> *„Das Gleichheitsprinzip, dass zweierlei gemäß seiner Gleichheit gleich und gemäß seiner Verschiedenheit verschieden behandelt werden soll, ist wohl der elementare Grundsatz der Gerechtigkeit.“* (Meyer-Abich, 1984, S. 27)

Es wäre allerdings moralisch unakzeptabel, wenn die Andersbehandlung nichtmenschlicher Lebewesen dem individuellen Gutdünken und der Willkür ausgesetzt wird. Der Mensch ist jedoch geneigt, seine Moralkonzeption in inegalitärer Art und Weise auf die verschiedenen Tierarten anzuwenden, weil die höher entwickelten Tiere, wie z. B. die Säugetiere, ihm empfindungsmäßig näher stehen als die niederen Tiere.

> *„Die Gerechtigkeit verlangt bald Gleich- und bald Andersbehandlung, also nicht ‚Jedem das Gleiche', sondern ‚Jedem das Seine', wie es seit der Antike heißt.“* (Dreier, 1985, S. 99)

Singer geht in seinem Artikel *„Alle Tiere sind gleich“* (Singer, 1997, S. 13–32) von einer utilitaristischen Basis aus und setzt sich für die Gleichstellung der Interessen von Mensch und Tier ein. Entschieden verwirft er die Diskriminierung der Tiere und prangert den Speziesismus und den puren Anthropozentrismus an. Es komme nicht auf die Natur eines leidenden Wesens an, denn jede Zufügung von Leiden verlange eine moralische Rechtfertigung. Singer sieht prinzipiell kein Hindernis, das Prinzip der „Gleichheit der Rücksichtnahme“ auf alle tierische Lebewesen auszudehnen.

> *„Ich möchte mich dafür einsetzen, dass wir eine geistige Kehrtwende bezüglich unserer Einstellungen und Handlungen gegenüber einer sehr großen Gruppe von Wesen vornehmen: Mitglieder einer anderen Spezies als der unsrigen, oder, wie wir sie gewöhnlich, aber irreführend nennen, Tieren. Mit anderen Worten, ich fordere, dass das grundlegende Prinzip der Gleichheit, das nach Überzeugung der meisten von uns als Mitglieder unserer eigenen Spezies Gültigkeit haben sollte, auch auf andere Spezies angewandt wird.“* (Singer, 1997, S. 14–15)

Bei den Tierversuchsdiskussionen wird oftmals von den Befürwortern der Tierversuche das Gleichheitsprinzip aufgrund eines sozialdarwinistisch geprägten Naturalismus oder eines anthropozentrisch überspitzten Humanismus in Frage gestellt (Teutsch, 1987, S. 839).

4.6 Schmerz, Leidensfähigkeit und Bewusstsein

Schmerzen gehören als *conditio animalis* zu den Urphänomenen tierischen Lebens. Jede Empfindung von Schmerzen induziert körperliches Leiden, eine starke Empfindung der Unlust, die bei Mensch und Tier jedoch in abgestufter Form auftritt. Schmerzen und Leiden sind zwar reine physiologische Phänomene, sie haben aber dann eine ethische Relevanz, wenn sie anderen Lebewesen zugefügt werden.

Bentham (1780) sieht in der Leidensfähigkeit das entscheidende Kriterium hinsichtlich einer moralischen Rücksichtnahme, die auch auf die Tiere ausgedehnt werden soll. Diese Leidensfähigkeit aller Lebewesen mit Schmerzempfindung wird zum Maßstab, aufgrund dessen der *Pathozentrismus* (gr. pathos = das Leiden), den schmerzempfindlichen Lebewesen einen moralischen Status zuschreibt.

> „*Schmerz ist ein dramatisches Sinnes- und Gefühlserlebnis, das mit aktueller oder potenzieller Gewebeschädigung verknüpft ist oder mit Begriffen einer solchen Schädigung beschrieben wird.*" (International Association for the Study of Pain)

Bis ins 19. Jahrhundert hinein rechtfertigte man noch Vivisektionen bei Tieren, weil man ihnen Bewusstsein, Schmerz- und Leidensfähigkeit generell absprach. Tiere wurden so zu schmerzunempfindlichen Objekten degradiert. Wie beim Menschen haben Schmerzen aber auch bei Tieren Warnfunktionen und lösen entsprechende Reaktionen aus. Sowohl Wirbeltiere als auch Wirbellose sind nach heutigem Wissensstand schmerzempfindlich.

Dass auch Tiere versuchen, schmerzhaften Situationen aus dem Weg zu gehen, kann nicht übersehen werden. Aus den Verhaltensweisen vieler Tiere kann man ableiten, dass sie sowohl über schmerzaufnehmende als auch über schmerzverarbeitende Systeme verfügen, die jedoch, der Evolutionshöhe eines Lebewesens entsprechend, unterschiedlich ausgeprägt sein können. Über die Art und Weise der tierischen Schmerzwahrnehmung wird immer noch gestritten. Welche Tiere können Schmerzen in welcher Intensität empfinden? Gibt es Kriterien für die Fähigkeit, Schmerz und Leid zu empfinden? Das Gremium für *Tiergesundheit und Tierschutz der Europäischen Behörde für Lebensmittelsicherheit* (EFSA) nennt als Anhaltspunkte für die Fähigkeit zur Schmerzwahrnehmung das Langzeitgedächtnis, die individuelle Verhaltensplastizität, das komplexe Lernen sowie Abwehrreaktionen auf schmerzhafte Einflüsse.

Wissenschaftliche Daten weisen darauf hin, dass nicht nur Wirbeltiere, sondern auch eine große Anzahl wirbelloser Tierarten über ein gut organisiertes Nervensystem und schmerzverarbeitende Systeme verfügen (Mather, 2001, S. 151–156; Sherwin, 2001, S. 103–118). Verschiedene wirbellose Tierarten besitzen ein Kurz- und Langzeitgedächtnis, sie sind zu komplexem Lernen fähig, sie zeigen ein räumliches Bewusstsein, besitzen Rezeptoren für schädliche Reize sowie für opoide Substanzen und verfügen über Nervenbahnen, die mit Hirnzentren verbunden sind. Schmerz induzierende Fluchtreflexe kann man insbesondere auch bei Cephalopoden (Kopffüßer) und Crustaceen (Krebse) beobachten (www.efsa.eu.int/science/ahaw/ahaw).

„*Wo Schmerz ist, da ist der Beginn der Subjektivität, der Beginn der ‚Innenseite' des Lebens.*" (Spaemann, 1979, S. 33)

Auf Descartes (lat. *Cartesius*, dem Begründer des neuzeitlichen Realismus des 17. Jahrhunderts) geht der *cartesianische Dualismus* zurück, der zwischen dem „denkenden Bewusst-Sein" (*res cogitans*) und dem „ausgedehnten, körperhaften, materiellen Sein" (*res externa*) unterscheidet (Descartes, 1637). Diese Lehre beeinflusste die Philosophie wesentlich und wurde auch zum Ausgangspunkt der realistischen Unterscheidung von Subjekt und Objekt, was sich auch auf die Begriffsbestimmung von Tier (Objekt) und Mensch (Subjekt) auswirkte.

Der cartesianischen Dualismus geht von zwei voneinander völlig unterschiedlichen Realitäten aus, nämlich vom Geist einerseits und von der Physis andererseits. Im Gegensatz zu der dem Körper zugehörigen Physis (griech., natürliche Beschaffenheit) entzieht sich jedoch der Geist weit gehend der Erforschung durch die empirische Wissenschaft. Der Geist gilt als etwas, was nur in der eigenen (subjektiven) Erlebniswelt erfahrbar sei. Die Philosophie des Geistes geht hierbei vom „Fremdpsychischen" aus. Die Neurobiologie und die experimentelle Psychologie haben jedoch in den letzten Jahren zu der viel diskutierten Frage des „Geist-Gehirn-Dualismus" neue Erkenntnisse gewonnen und stellen das dualistische System prinzipiell in Frage.

„*Ein Dualismus, der seinen Namen verdient, ist mit dem heutigen naturwissenschaftlichen Weltbild unvereinbar und als interaktiver Dualismus in sich widersprüchlich.*" (Roth, 1997, S. 284)

Searl ist der Ansicht, dass der cartesianische Dualismus einer der schlimmsten Fehler sei, den die Philosophie je hervorgebracht habe. Es sei nun an der Zeit, eine vom Dualismus gereinigte Philosophie anzustreben (Searl, 2005, S. 149).

Auch heute noch ist die Meinung weit verbreitet, dass man den Tieren, weil sie nur Objekte seien und weil bei ihnen bestimmte Gehirnregionen nicht wie beim Menschen funktionieren, weder Geist noch Bewusstsein zuschreiben könne und die Tiere deshalb lediglich als „geistlose, bewusstlose Automaten" zu betrachten seien. Hierzu äußerte sich der Verhaltensphysiologe und Entwicklungsneurobiologe Gerhard Roth:

> *„Es erscheint plausibel anzunehmen, dass nicht nur wir Menschen, sondern auch Affen, Hunde, Katzen u.s.w. denken können, dass sie Geist und Bewusstsein besitzen. Diese Tiere zeigen nicht nur bestimmte Verhaltensweisen, die wir bei Menschen als intelligent oder geistig ansehen, sondern bei diesen Verhaltensweisen sind entsprechende Gehirngebiete in etwa derselben Weise aktiv wie beim Menschen.*" (Roth, 1997, S. 76)

Exkurs: Gehirn

Der „Datenprozessor", der das Verhalten eines Lebewesens auf Reize der Außenwelt regelt und mit den Körperorganen korreliert ist, besteht aus einer Anhäufung von Nervenzellen (Neurone), die über Fortsätze (Dendriten) mit Nerven- und Muskelzellen Verbindungen (Synapsen) aufnehmen. Während die elektrischen Synapsen den direkten Übergang eines Reizimpulses (Aktionspotenzial) ermöglichen, muss bei den chemischen Synapsen erst ein Botenstoff (Neurotransmitter, z. B. Acetylcholin, Adrenalin, Noradrenalin, Serotonin, Endorphine u. a.) den synaptischen Spalt überwinden um die Impulse auszulösen. Die Nervenzellsysteme der höher- und niederentwickelten Tierarten sind in ihrer Funktionsweise sehr ähnlich, haben aber eine unterschiedliche Organisation. Den primitivsten Typ eines netzartigen Nervensystems findet man bei den radiärsymmetrischen Tieren, wie z. B. bei den Nesseltieren (Cnidaria) und Stachelhäutern (Echinodermata). Bei den bilateralsymmetrisch aufgebauten Tieren erkennt man bereits ein peripheres Nervensystem (PNS) und eine zunehmende Konzentrierung des zentralen Nervensystems (ZNS) im Kopfbereich (Cephalisation). Bei den Plattwürmern (z. B. Leberegel) tritt erstmals ein Gehirn als definiertes Zentralnervensystem auf, die stammesgeschichtlich folgenden Tiergruppen zeigen einen stark zunehmenden Grad an Cephalisation. Beim Lanzettfischchen *(Branchiostoma lanceolatum)* findet man erstmals eine bläschenförmige Erweiterung am Vorderende des Neuralrohrs, als Vorläufer der differenzierten Gehirnstruktur der Wirbeltiere. Wenn man davon ausgeht, dass auch das Gehirn des Menschen einen evolutionären Ursprung hat, so sind Ähnlichkeiten der Gehirne zwischen Tier und Mensch nicht zu verleugnen. Dies trifft für höhere Wirbeltiere, insbesondere für nicht-menschliche Primaten, aber auch für Wale und Delphine, zu.

Der Grundaufbau der Gehirne der Wirbeltiere entspricht dem des menschlichen Gehirns. Aufgrund phylogenetischer Analysen gilt es als gesichert, dass das Wirbeltiergehirn allgemein aus fünf Teilen besteht (Endhirn – Telencephalon, Zwischenhirn – Diencephalon, Mittelhirn – Mesencephalon, Hinterhirn – Metencephalon, Nachhirn – Myelencephalon, Medulla oblongata), die in das Rückenmark (Medulla spinalis) übergehen. Gehirn und Rückenmark formen das Zentralnervensystem (ZNS) (Roth, 1997, S. 34–35). Die fortschreitende Gehirnentwicklung führt bei den Wirbeltieren zu hierarchisch strukturierten Einheiten des ZNS. Dieses besteht aus dem innerhalb der Wirbelsäule liegenden Rückenmark, das Informationen von Haut und Muskeln an das am oberen Ende des Rückenmarks angeordneten Gehirn sendet, wo die Informationen verarbeitet werden und wo sich der Sitz der Wahrnehmung, des Intellekts und der Emotionen befindet (Campbell, 1997, S. 1098–1103). Die Systeme der Formatio reticularis, die von der Medulla oblongata bis ins Zwischenhirn reichen, sind wesentlich am Entstehen von Bewusstsein beteiligt. Die Bewusstseinszustände sind an den assoziativen Neocortex gebunden, der aber nicht der alleinige Bewusstseinsproduzent ist (Roth, 1997, S. 228).

Viele Neurophysiologen betrachten das menschliche Gehirn, das sich in abgestuften Quantitäten und Qualitäten von den Gehirnen der Tiere unterscheidet, als eine Ansammlung komplexer Materie mit charakteristischen Eigenschaften, die sich selbst zu verstehen versucht. Die moderne Hirnforschung hat jedoch zu der Erkenntnis geführt, dass die physikalisch-biologische Materie des Gehirns und die mentalen Fähigkeiten, die auch als „Seele“ bezeichnet werden, eine Einheit bilden. Für viele Wissenschaftler sind Gehirn und Geist ein- und dasselbe. Die Neurophilosophin Patricia Churchland ist nicht davon überzeugt, *„dass es neben dem Gehirn noch eine nicht-körperliche Seele gibt, die Entscheidungen trifft, fühlt und denkt“.* Sobald man verstünde, wie das Gehirn funktioniert, verstünde man auch die dem Geist zugeordneten Funktionen (zitiert nach Campbell, 1997, S. 852). Dieser mechanistischen Anschauung sind verschiedene Wissenschaftler und Philosophen nicht besonders zugetan, sie ziehen daher Descartes „Konzept der Dualität von Leib und Seele“ weiterhin vor.

Beim Menschen sind bestimmte Gehirnstrukturen für die Fähigkeit der Sprachbildung essenziell. Die menschliche Sprache resultiert aus komplexen Interaktionen von Assoziationsfeldern der linken Gehirnhemisphäre. Im Sprachareal des Parietallappens werden Informationen über den Sprachinhalt gespeichert. Dies ermöglicht es, Gedanken zu haben und die Worte entsprechend dem gelernten Vokabular und grammatischen

Regeln in einer sinngebenden Sprache anzuordnen. Im Frontallappen des Gehirns befindet sich ein zweites (vom Sprachzentrum des Parietallappens instruiertes) Sprachzentrum, wo die Informationen zur Sprachproduktion gespeichert werden (Campbell, 1997, S. 1109). Nach allgemeiner Auffassung können nur die Lebewesen Gedanken haben, die über eine Sprache verfügen. Hierbei wäre zu hinterfragen, was jeweils unter „Gedanken" und „Sprache" zu verstehen ist. Es wird weiterhin diskutiert, ob geistige Fähigkeiten prinzipiell an die Sprachfähigkeit gekoppelt sind.

Nach Davidson muss man zum Denken den Begriff eines Gedankens kennen, um sprachfähig zu sein: ohne Gedanken keine Sprache, ohne Sprache keine Gedanken. Das Bewusstsein sei an den Besitz einer Sprache gebunden, die prädikative Aussagen ermöglicht. Da über diese Fähigkeit nur die Menschen verfügen, können Tiere kein Bewusstsein haben und folglich auch nicht schmerz- und leidensfähig sein (Davidson, 2005, S. 119). Viele der vom Schmerzreiz ausgelösten Reaktionen (z. B. die durch Schädel-Hirn-Trauma ausgelösten Schmerzen bewusstloser Patienten) laufen beim Menschen auf rein physiologischer Grundlage auch ohne Bewusstsein ab (Gallachi & Pilger, 2005, S. 27).

Was immer wir den Tieren zuschreiben oder auch nicht zuschreiben, es resultiert aus rein anthropozentrischer Sicht. Sind wir überhaupt in der Lage, den mentalen Gehalt der Tiere zu ermitteln? Mit bildgebenden Verfahren, wie z. B. mit der Positronemissiontomographie (PET) und Computertomographie (CAT) kann man lokale Gehirnaktivitäten sichtbar machen, die auf bestimmte mentale Aktivitäten bei Tieren schließen lassen (Searl, 2005, S. 152).

Das Vermögen, Schmerzen zu empfinden, ist bei den meisten Tieren zweifellos vorhanden, es existieren jedoch artspezifische Unterschiede. Die Schmerzwahrnehmung ist, wie bei den Cephalopoden (Kopffüßern) nachgewiesen, jedoch nicht zwingend an das Vorhandensein eines zentralen Nervensystems gebunden.

Schmerzen bei Tieren können wir nur im phänomenologischen Analogieschluss, der auf der eigenen Schmerzerfahrung beruht, bewerten. Das Erleben von Schmerzen ist ein individuell-subjektiver Eindruck, der auf naturwissenschaftlicher Basis nicht unmittelbar konkretisiert werden kann. Deshalb ist es auch nicht möglich, eine auf Realität bezogene Gradualisierung von Schmerzempfindungen sowohl beim Menschen als auch bei Tieren exakt nachzuweisen.

„Nur ich kann wissen, ob ich wirklich Schmerzen habe, der Andere kann es nur vermuten." (Wittgenstein, 1989, S. 357)

Verbreitet ist die Annahme, dass Tiere keine oder nur im geringen Grad Schmerzempfindungen haben. Für diese These gibt es allerdings keine Beweise. Neuere Untersuchungen zeigen hingegen, dass zwischen dem schmerzempfindlichen System der höheren Säugetiere und dem des Menschen, eine weit gehende Übereinstimmung besteht (Bernatzky, 1997, S. 40–56).

In den Formularen zur Genehmigung von Tierversuchen müssen über die zu erwartenden Schmerzen bei Tieren, die sie infolge der Experimente erleiden, detaillierte Angaben gemacht werden. Hier sind die Antragsteller i.d.R. überfordert, weil der Grad der Schmerzen (keine, geringe, erhebliche Schmerzen?) bei den Versuchstieren lediglich ungenau im subjektiven Analogieschluss abgeschätzt werden kann.

Schmerzen verursachende Schäden (Noxen) sind bei Versuchstieren weitestgehend zu vermeiden bzw. durch eine gesteuerte Aufhebung der Schmerzen (Analgesie) auszuschalten. Deshalb ist es gesetzliche Pflicht (hier bilden allerdings die Toxizitätsprüfungen eine Ausnahme), alle Versuche mit Wirbeltieren nur unter Narkose durchzuführen.

Exkurs: Schmerzen

Die physiologische Schmerzempfindung ist ein individuelles Sinneserlebnis, das meistens durch Gewebsschäden (noxische Stimuli) ausgelöst wird. Beim Menschen unterscheidet man drei Schmerzformen:

- den Nozizeptorenschmerz mit Erregung von Schmerzrezeptoren (Nozizeptoren) und Weiterleitung der Impulse an das zentrale Nervensystem (ZNS),
- den neuropathischen Schmerz infolge von Schädigungen des peripheren oder zentralen Nervensystems und
- den Schmerz infolge funktioneller Störungen oder psychosomatischer Vorgänge.

Bei Tierexperimenten mit Wirbeltieren dürften Nozizeptorenschmerzen und neuropathische Schmerzen im Vordergrund stehen.

Nach Gallacchi und Pilger (2005, S. 38–50) läuft bei der Schmerzwahrnehmung folgende Funktionskette ab:

- Transduktion: Veränderung des Membranpotenzials des Rezeptors. Aktivierung der Schmerzrezeptoren (Nozizeptoren) durch Umwandlung mechanischer, thermischer, chemischer Reize in elektrische Impulse.
- Transmission: Weiterleitung der elektrischen Impulse durch myelisierte A-Delta Fasern und durch nicht-myelisierte C-Fasern im peripheren und zentralen Nervensystem.
- Modulation: Kontrolle und Bearbeitung der Information durch neurale Hemmsysteme.
- Perzeption: Veränderung der Aktivität des zentralen Nervensystems, subjektive Schmerzwahrnehmung, Schmerzäußerung.

Die Schmerzrezeptoren (Nozizeptoren) sind freie Nervenendigungen, die auf chemische, mechanische und thermische Reize reagieren und Neurotransmitter (Neuropeptide) synthetisieren. Die wichtigsten Neuropeptide sind die Botenstoffe der Schmerzleitung: Substanz P (SP), Neurokinin A (NKA) und Calcitonin gene-related peptide, (CGRP). SP und NKA induzieren die Freisetzung des Entzündungsmediators Serotonin und das die Blutkapillaren erweiternde Histamin aus den Mastzellen. SP und CGRP führen über Stickstoffmonoxid (NO) zur Gefäßerweiterung und zur Freisetzung des Gewebshormons Bradykinin.
Bei Verletzungen des Gewebes erfolgt die Ausschüttung von Adenosin-5`-triphosphat (ATP), Protonen, Sauerstoffradikalen, Kalium und Arachidonsäure, die essenzielle Fettsäure der Zellmembranen. In den Zellen der Blutgefäßauskleidung (Endothelzellen) und in eingewanderten weißen Blutzellen (Leukozyten) wird das Enzym Cyclooxigenase exprimiert, wodurch die aus den Zellmembranen der geschädigten Zellen freigesetzte Arachidonsäure in Prostaglandin umgewandelt wird. Die aus den verletzten Endothelzellen entlassenen Gewebshormone (Kinine) werden in den Entzündungsmediator Bradykinin umgewandelt und die im Blut und Gewebe vorkommenden Zellen (Mastzellen) setzen das die Blutkapillaren erweiternde Gewebshormon Histamin frei. Die Entzündungsmediatoren (Bradykinin, Serotonin) bewirken eine Erweiterung der Blutgefäße (Vasodilatation), wodurch es zur lokalen Ansammlung von seröser Flüssigkeit in den Gewebespalten (Ödeme) kommt. Die von den Zellen freigesetzten interzellulären Mediatoren (Zytokine: IL-1, IL-6, TNF) führen über das zentrale Nervensystem (ZNS) zur Fieberentstehung. Schmerzmediatoren erregen wiederum die Nozizeptoren und es kommt zu einem neurogenen Reflex mit der Ausschüttung von NGF (Nerve Growth Factor) und CGRP (Calcitonin gene-related peptide), die zusätzlich Nozizeptoren sensibilisieren. Folglich resultiert ein verstärkter Schmerzreiz und durch die Freisetzungen des Gewebshormons Prostaglandin E kommt es zu einer Entzündung der Nerven.
Wie Aktionspotenzialableitungen von Schmerznervenfasern zeigen, findet keine Adaptation an den Schmerzreiz statt, d. h. ein andauernder Reiz führt nicht zur Verminderung der Erregbarkeit.
Die Schmerzwahrnehmung (Nozizeption) ist eine komplexe Wechselwirkung sinnlicher (sensorischer) Erfahrungen. Die Verarbeitung von Schmerzinformationen im Nervensystem (ZNS) wird durch äußere und innere Faktoren beeinflusst. Die Schmerzsignale aus der Körperregion werden über Nervenfasern (markhaltige A-Delta-Fasern mit einer Leitungsgeschwindigkeit von 20–40 m/s und marklosen C-Fasern mit einer Leitungsgeschwindigkeit von 0,5–2,5 m/s) zum Rückenmark weitergeleitet und gelangen über die aufsteigende Bahn für Schmerzempfindung

(Tractus spinoopthalamicus) zum Gehirn. In der Großhirnrinde wird erst der Schmerz bewusst wahrgenommen und in dem zwischen Hirnstamm und Großhirn sich befindenden zentralen Bewertungssystem des Wirbeltiergehirns (limbisches System) emotional bewertet. Neben dem geschilderten Nozizeptorenschmerz kommt es infolge von Schädigungen des Nervensystems (z. B. durch Amputationen) auch zu Sensibilitätsstörungen (neuropathische Schmerzen). Die Schmerzempfindungen sind immer rein subjektiv. Körpereigene Stoffe, wie endogene Opiatanaloga (Endorphine), oder zugeführte Schmerzmittel (Opiate) können auf die Weiterleitung der Schmerzimpulse im Rückenmark hemmend einwirken und so das Schmerzempfinden vermindernd beeinflussen.

Sowohl in den Nervenzellen Wirbelloser als auch im ZNS der Wirbeltiere befinden sich aus Aminosäuren hervorgegangene Stoffe (biogene Amine) als Schmerzmediatoren, wie z. B. der Neurotransmitter Serotonin. Die langsamen C-Fasern und der die Afferenzen von Schmerzrezeptoren leitende Vorderseitenstrang (Umschaltung auf die Neuronen des Rückenmarks), deren Axone die Großhirnrinde erreichen, sind stammesgeschichtlich sehr alt. Alle wesentlichen Teile des Gehirns der Wirbeltiere sind gleichzeitig in der Evolution entstanden. Es ist deshalb davon auszugehen, dass alle Wirbeltiere über gleichartige Prinzipien der Schmerzaufnahme, der Schmerzweiterleitung und der Schmerzwahrnehmung verfügen.

Nozizeptoren und der zur Impulsweiterleitung befähigte Kleinhirn-Seitenstrang sind bereits bei Fischen nachweisbar. Aus Nerventeilen, die den Hirnstamm (Neopallium) der Reptilien umgeben, entwickelte sich die Großhirnrinde (Cortex cerebri), die bei den Säugetieren zum wesentlichen Integrationszentrum wurde. Dort erfolgt auch die Interpretation eines Schmerzereignisses. Man kann davon ausgehen, dass insbesondere Wirbeltiere über eine artspezifische Schmerzerfahrung verfügen, was sich anhand nozizeptiver Reflexe erkennen lässt. Wir können uns jedoch hinsichtlich der Schmerzempfindung bei Tieren nur am phänomenologischen Analogieschluss orientieren, der die Befindlichkeit eines Tieres in ein Verhältnis zur eigenen subjektiven Schmerzerfahrung setzt und deshalb häufig zu Fehleinschätzungen führt.

Von verschiedenen Institutionen (*Deutsche Forschungsgemeinschaft, Tierversuchsanlage der Universität Ulm, Niederländisches Veterinärinspektorat, Schweizer Bundesamt für Veterinärwesen, Amerikanisches Landwirtschaftsministerium, Scientific Center for Animal Welfare, Maryland*) wurden deshalb sogenannte Schmerz-Belastungskataloge für Tierversuche zusammengestellt.

Die Deutsche Forschungsgemeinschaft unterscheidet z. B. zwei Stufen und fünf Unterstufen der Schmerzen bei Tierversuchen (Rusche & Apel, 2001):

- Kurze, nicht erhebliche Schmerzen und Leiden:
  - Unterstufe I: Injektionen, Punktionen, Immobilisation
  - Unterstufe II: Terminalversuche, chirurgische und traumatische Eingriffe in tiefer Narkose ohne Wiedererwachen
  - Unterstufe III: chirurgische Eingriffe am anästhesierten Tier mit Wiedererwachen und geringen Folgeschäden (z. B. Dauerkatheter, Einpflanzen von Elektroden), kurze erträgliche Schmerzen (Vermeidungsreaktionen), Toxizitätsstudien (schwach belastete Gruppe)
- Erhebliche, andauernde Schmerzen und Leiden:
  - Unterstufe IV: Größere chirurgische Eingriffe mit erheblichen Dauerdefekten (Magen- u. Darmfisteln, Defektheilung, Prothetik), Infektionsversuche mit präfinaler Tötung, schmerzhafte, langdauernde Prozesse, die Analgesie zulassen (chronische Arthritiden, umschriebene Verbrennungen, Toxizitätsstudien (mittelgradig belastete Gruppen)
  - Unterstufe V: Herbeiführung schwerer pathologischer Zustände, die meist zum Tode führen und keine Analgesie zulassen

In Großbritannien sollen die mit Tierversuchen befassten Experimentatoren künftig dazu verpflichtet werden, über die den Versuchstieren zugefügten Schmerzen Buch zu führen. Gleichzeitig mit den Forschungsarbeiten soll die Leiderfahrung der Tiere erfasst, protokolliert und später darüber berichtet werden. Zu Erfassen ist, wie intensiv und wie lange die Tiere schmerzhaften oder unangenehmen Situation ausgesetzt waren (Nature online, 05.04.2006). Hierbei wird man zwangsläufig auf größere Interpretationsschwierigkeiten stoßen, wenn es darum geht, Schmerz, Leid und Angst der Tiere objektiv zu ermitteln.

Es wurde vorgeschlagen, die Belastungen der Tiere an körperlichen Reaktionen zu messen. Nach Empfehlungen der Gesellschaft für Versuchstierkunde in Hannover soll dabei z. B. die Futter- und Wasseraufnahme als ein verlässlicher Maßstab für das Wohlbefinden der Tiere herangezogen werden. Bei geringen Belastungen soll ein fast normaler Appetit vorhanden sein, sinke dagegen die tägliche Futter- und Wasseraufnahme um 60 %, so seien die Tiere „mäßig" belastet, wenn sie Nahrung und Wasser völlig verweigerten, seien sie jedoch „stark" belastet. Zudem gelten Zittern, Krämpfe, Teilnahmslosigkeit sowie Änderungen der Herzfrequenz und des Blutdruckes als Anzeichen für schmerzhaftes „starkes" Leiden der Tiere. Die Objektivität der Leidensbeurteilung wird jedoch künftig dadurch gefährdet sein, dass der Experimentator auch derjenige ist, der die Bewertung hinsichtlich der Belastungskriterien vornimmt.

4.7 Ethikkommission, Güterabwägung

Das Deutsche Tierschutzgesetz (§ 15) schreibt vor, dass vor der Genehmigung eines Tierversuches eine Tierschutzkommission sich mit dem Versuchsvorhaben kritisch zu befassen hat. In Deutschland sind etwa 50 lokale, nach Landesrecht etablierte, Tierschutzkommissionen tätig, denen mehrheitlich Fachwissenschaftler aber auch einige Ethiker und Vertreter der Tierschutzorganisationen angehören.

Die Tierschutzkommissionen der lokalen Genehmigungsbehörden haben die ethisch-rechtliche Beurteilung eines Tierversuchsvorhabens sowie die Evaluierung der wissenschaftlichen Unerlässlichkeit und die Möglichkeit der Anwendung von Alternativmethoden vorzunehmen. Zur sittlichen Begutachtung eines Tierversuches sind sowohl naturwissenschaftliche, als auch ethische Gutachten erforderlich (Blumer, 1999, S. 118–134):

- Auf der deskriptiven Ebene ethischer Normenermittlung des Tierversuches ist insbesondere die wissenschaftliche Relevanz des Vorhaben, auch in Bezug zu Alternativmethoden, unter Offenlegung aller Fakten von Fachwissenschaftlern zu evaluieren.
- Auf der normativen Ebene des Tierversuches sind die Lebensinteressen der Versuchstiere zu objektivieren, zu bewerten und festzulegen, denen im Sinne einer anwendungsorientierten Ethik ein sittliches Primat zukommt.

Die Güterabwägung soll sich an rationalen Normen orientieren, deren Maßgeblichkeit den unterschiedlichen Grundpositionen der Mitglieder einer Kommission gerecht werden muss. Im menschlichen Bereich unterscheidet man naturale, soziale unmittelbare sowie gemeinsame und verteilte mittelbare Grundgüter. Zu den letzteren zählt auch der wissenschaftliche Erkenntnisgewinn (Kleinhappl, 1992, S. 163–164).

Wie beim Menschen ist auch bei den Tieren das individuelle Leben das höchste Gut. Es folgen die Güter, die für die Existenz eines Individuums erforderlich sind und die jeweils auch von der Versuchstierart angestrebt werden. Diese sind Objekte oder Zustände, die der Lebenserhaltung sowie der Lebensverbesserung in artgerechter Weise dienen. Unmittelbare naturale Güter sind die artgerechte Haltung, die körperliche Integrität und die Leidens- und

Schmerzfreiheit. Als soziale Güter gelten bei den Tieren das Kontakt- und Sippenverhalten. Zu den mittelbaren Gütern zählen die artgerechte Ernährung, das Fortpflanzungsverhalten und die Rangordnung.

> *„Bei aller Güterabwägung darf nicht verdrängt werden, dass den verbrauchenden und Leid zufügenden Tierversuchen stets eine ethisch problematischer Charakter anhaftet.“* (www.aerztefuertierschutz.ch)

Bei der Beurteilung eines Tierversuches haben die Unerlässlichkeit, die präzise Zielsetzung des Forschungsvorhabens, die erwarteten Erkenntnisse, der Einsatz von Alternativmethoden, die strikte Einhaltung der gesetzlichen Bestimmungen, die Art und Anzahl der Versuchstiere, die vorhersehbaren Folgen für das Tier sowie die ethische Rechtfertigung einen hohen Stellenwert. Nicht legitimiert, sittlich ungerechtfertigt und gesetzlich verboten sind Tierversuche die lediglich „sonstige menschliche Güter“ (z. B. Kosmetika, Luxusartikel, Waffen) betreffen.

Aufgrund der hierarchisch interpretierten *Scala naturae* neigen die Menschen dazu, das Gleichheitsprinzip für die Tierwelt in abgestufter Form einzuschränken. Im Gegensatz hierzu fordert Singer (1994, S. 28f.) das uneingeschränkte Gleichheitsprinzip auf alle Lebewesen, die über bestimmte Güter verfügen, auszuweiten. Im Vordergund soll das tierische Wohlergehen stehen.

Bei Tierversuchen kollidiert oftmals die Förderung menschlicher Gesundheit durch biomedizinische Forschung mit der ethischen Pflicht zur Bewahrung des tierischen Wohlbefindens. Wird ein Tierversuch als unverzichtbar eingestuft, so resultieren zwangsläufig Pflichtverletzungen gegenüber dem Tier. Der menschlichen Spezies wird üblicherweise ein höherrangiger Wert zuerkannt als jeder Tierart.

Die Einstufung der Tiere als Rechtssubjekte würde u. a. voraussetzen, dass sie ihre Rechte wahrnehmen und Pflichten übernehmen, was bei Tieren nicht möglich ist. Die ethische Zulässigkeit eines Tierversuchs sollte eher auf der Ebene einer integrativen Konzeption (Abwägung zwischen Tierethik und Nutzen) als auf Regans radikaler Forderung nach völliger Abschaffung der Tierversuche (Regan, 1997, S. 45) begründet sein. Zwischen den Zielen und eingesetzten Mitteln muss in jedem Fall eine rationale Güterabwägung im Vordergrund stehen, es gilt die Verhältnismäßigkeit der Mittel genau zu evaluieren und mögliche Alternativmethoden in Betracht zu ziehen.

Ein empfindungsfähiges Tier hat ein Anrecht auf Integrität und auf Respektierung seiner Lebensinteressen. Bei Tierversuchen ist es unerlässlich zu hinterfragen, ob ein Erkenntnisfortschritt stets höher einzustufen ist, als das Leid, das einem Tier zugefügt wird bzw. ob man den Tod des Versuchstieres in Kauf nehmen darf. Meistens wird der Experimentator bei der Güterabwägung von Tierversuchen die vitalen menschlichen Interessen in den Vordergrund stellen und er wird dies mit den bisher erzielten biomedizinischen Fortschritten begründen wollen. Ein derartiges Argument ist jedoch nach Ansicht von de Cock Bunning und Mitarbeiter (1995, S. 301–314) logisch falsch, weil historische Fakten nicht falsifizierbar sind.

Patzig gibt zudem zu bedenken, dass es nicht absehbar ist „*woher man die Maßstäbe nehmen soll, die für ein rationales Abwägungsverfahren zwischen Erkenntnisgewinn und dem Leiden von Versuchstieren gebraucht würden*" (Patzig, 1986, S. 68–84).

Scharmann und Teutsch haben ein Abwägungsschema für die Bewertung des Nutzens des Versuches sowie der Belastung der Versuchstiere vorgelegt. Die Autoren geben zu bedenken, dass die ethische Abwägung in bestimmten Fällen sich als sehr schwierig erweisen kann, „*wenn ein mittelmäßiger Nutzen einer mittelgradigen Belastung oder ein großer Nutzen einer schwereren Belastung gegenüberstehen*".

Wenn aber ein geringer Nutzen mittelschweren bis schweren Belastungen gegenübersteht, sei die Sachlage eindeutig:

> „*Versuche mit geringem Nutzen sollten zumindest dann unterbleiben, wenn sie für die Tiere mit Belastung verbunden sind – selbst wenn diese nur gering ist.*" (Scharmann & Teutsch, 1994, S. 181–198)

5 Das „Prinzip der 3 R“ (3R-Prinzip)

Das 3R-Prinzip (*Replacement, Reduction, Refinement*) geht auf William Russel und Rex Burch (1959) zurück und soll dazu beitragen, das Leid der Tiere bei Versuchen zu reduzieren. Die Tieranzahl soll auf ein Minimum gesenkt werden, es soll eine sorgfältige Abwägung der Belastung der Tiere hinsichtlich des Leidens und dem Forschungsziel erfolgen und dort wo es möglich ist, soll die Verwendung von Ersatzmethoden verpflichtend sein (Bekoff, 2001, S. 143–144). Das 3R-Prinzip fungiert als Basis sowohl für die nationalen als auch für die internationalen Ethikkommissionen (*Animal Ethics Committee, Animal Care Committee* in Kanada, *Institutional Animal Care and Use Committee* der USA, *Animal Experimentation Ethics Committee* in Australien, *Animal Experimentation Committee* in den Niederlanden, *Ethical Review Process* in England).

Die Anwendung des 3R-Prinzips stellt eine wichtige Voraussetzung für die Abwägung der ethischen Vertretbarkeit von Tierversuchen dar. Nach dem Tierschutzgesetz und den Richtlinien der EU ist die Beachtung des 3R-Prinzips verpflichtend; die Interpretation und Verwirklichung des 3R-Prinzips kann jedoch oftmals wegen divergierender Informationsgehalte der Ethikkommissionsmitglieder sehr unterschiedlich ausfallen. Defizite lassen erkennen, dass das 3R-Prinzip nicht immer als mnemotechnisches Instrument anerkannt und deshalb auch nicht generell funktionsgerecht ist (Schuppli & Fraser, 2005, S. 487–500).

5.1 Replacement

Replacement steht für den Ersatz eines Tierversuchs durch Alternativmethoden, wie z. B. durch In-vitro-Verfahren (Zell- und Gewebekulturen), Computersimulation oder durch andere schmerzfreie Alternativmodelle. Das Deutsche Tierschutzgesetz (§ 7 Abs. 2, 4) schreibt vor, dass stets geprüft werden muss, ob das Ziel eines Tierversuchsvorhabens nicht mit anderen Mitteln erlangt werden kann und ob die aus ethisch vertretbaren Tierversuchen gewonnenen Erkenntnisse nicht auch mit Alternativmethoden gewonnen werden können. Hierbei muss allerdings in Erwägung gezogen werden, dass eine Alternative nicht immer die Schädigung tierischer Güter vermeidet. So ist z. B. die Behandlung bebrüteter Hühnereier zur Impfstoffherstellung oder zu diagnostischen Zwecken mit einer Beeinträchtigung des individuellen tierischen Lebensinteresses verbunden. Auch bei der Herstellung von Zellkulturen wird durch die Entnahme von Geweben oder Organen in der Regel der Tod der Spendertiere in Kauf genommen.

5.2 Reduction

Die Reduzierung der Anzahl der Tiere eines Versuches auf ein Mindestmaß ist verpflichtend. Aus Gründen der statistischen Auswertung eines Tierversuchs wird vielfach die Anzahl der eingesetzten Tiere unnötig überhöht. Es existieren aber wissenschaftlich fundierte Anweisungen für eine mathematisch relevante Tieranzahl in einem Tierversuch (Kübler & Pigeot, 1993, S. 11–17).

Wie der LD_{50}-Giftigkeitstest (Ermittlung einer Schadstoffkonzentration, bei der 50 % der Tiere sterben) beweist, können Verbesserungen (Refine) des Tierversuchs zur drastischen Verminderung der Tieranzahl führen. In den 70er Jahren wurden noch 150 Tiere, später in den 80er Jahren nur noch 45 Tiere für den LD_{50}-Test eingesetzt. Untersuchungen des *European Centers for the Validation of Alternative Methods* (ECVAM) in Ispra/Italien haben schließlich ergeben, dass für den LD_{50}-Test nur 12–16 Tiere nötig sind, um eine gesicherte Aussage über die Giftigkeit eines Stoffes zu erhalten.

5.3 Refinement

Refinement strebt die Veränderung des Tierversuches an, um das Leiden der Tiere bei Versuchen zu vermindern. Es besteht die ethische Pflicht, die physischen und psychischen Belastungen der Tiere zu minimieren. Bei Schmerzen verursachenden Versuchen ist auf eine artgerechte und wirksame Betäubung (Anästhesie) bzw. Aufhebung des Schmerzempfindens (Analgesie) zu achten. Überlebende Tiere sind nach Versuchsende vom geschulten Personal tiermedizinisch *lege artis* zu betreuen, die Haltungsbedingen müssen optimal den artspezifischen Belangen der Tiere entsprechen.

6 Alternativmethoden

Das Deutsche Tierschutzgesetz und die EU-Richtlinie von 1986 schreiben vor, dass Tierversuche nur dann akzeptiert werden können, wenn für ein unerlässliches Forschungsvorhaben die Anwendung von Alternativmethoden noch nicht möglich ist.

Alternativmethoden zu Tierversuchen sind Versuchsanordnungen, bei denen der lebende Organismus durch eine schmerzfreie Materie ersetzt wird. Bei der Anwendung von Alternativen zu Tierexperimenten sind in den letzten Jahren erhebliche Fortschritte zu verzeichnen (Russell, 2003, S. 216–218; Gärtner, 2006, S. 36–45). Derartige Alternativen sind isolierte Organe, Gewebe- und Zellkulturen, außerdem chemische, biochemische, molekularbiologische, mikrobiologische oder immunologische Verfahren sowie Messtechniken ohne operative Eingriffe am Tier.

Als Ersatz des berüchtigten Draize-Tests, bei dem Flüssigkeiten auf das Auge von Kaninchen aufgebracht werden, um das Verätzungspotenzial von Substanzen zu ermitteln, werden heute beispielsweise schon routinemäßig als Alternative bebrütete Hühnereier oder künstliche Haut in den EU-Labors eingesetzt.

In Industrie und Forschung benutzt man immer mehr Alternativmethoden für Vorauswahlverfahren (Screening-Tests), um unnötige Tierversuche zu vermeiden. Hierbei haben sich neben den klassischen Zell- und Gewebekultur-Testsystemen, die *in vitro* (außerhalb des lebenden Gesamtorganismus) durchgeführt werden, auch biochemische sowie bildgebende Verfahren, wie Computersimulation oder Magnetresonanztomographie, bewährt.

Einen großen Anteil der In-vitro-Methoden stellen die Zellkulturen dar, die als permanente Zell-Linien potenziell unbegrenzt vermehrt werden können. Viele Tierversuche können durch Prüfungen an isolierten Zell- und Gewebekulturen mit Laborautomaten ersetzt werden. Bei der Wirkstoffsuche, bei pharmakologischen oder toxikologischen Tests, können z. B. Plastikreaktionsgefäße, sogenannte Mikrotiterplatten mit 96 Vertiefungen, in denen jeweils entsprechende Zellen gezüchtet wurden, ihren Einsatz finden. Mit den Mikrotitersystemen, die mehr oder weniger vollautomatisch mit Hilfe von geeigneten Detektoren, wie z. B. chromogenen Substraten, Enzym markierten Antikörpern (ELISA) und Radioimmunoassay (RIA), ablaufen, ist es möglich, täglich zahlreiche Substanzen ohne Tierversuche zu testen. Vermehrt kommt auch künstliches Gewebe zum Einsatz, wie z. B. die künstliche dreidimensionale Haut in der Transplantationsmedizin, in der Tumorforschung oder als In-vitro-Angiogenese-Modell.

Nach Berichten der Universität Göttingen ist es möglich, aus Mäusehoden Stammzellen zu gewinnen, die sich zu Vorstadien verschiedener Gewebe entwickeln können. Da die Stammzellen der Hoden mit den embryonalen Stammzellen Ähnlichkeiten aufweisen, könnten diese eine gute Alternative für die Verwendung der ethisch umstrittenen embryonalen Stammzellen sein, sofern sich diese Alternativmethode auf menschliche Verhältnisse übertragen lässt.

Nachdem man es geschafft hatte, das Humangenom vollständig zu entschlüsseln, ergeben sich auch neue effektive Alternativen für die Entwicklung von Wirkstoffen und pharmakologisch determinierte Zielstrukturen. Musste man früher in den Pharmalabors mit Hilfe von Tierversuchen nach dem Prinzip „Versuch und Irrtum“ quasi „im Heuhaufen herumstochern", so eröffnen heute die neuartigen „Pharmacogenomics“ einen gangbaren Weg vom Gen zum maßgeschneiderten Arzneimittel (Vetter, 2000, S. 1320).

In der chirurgischen Ausbildung könnten Simulatoren, bestückt mit Organen toter Tiere, verwendet werden. Auch könnten für das Einüben chirurgischer Techniken computergesteuerte interaktive Operationssimulatoren von entsprechend ausgerüsteten Kliniken für die akademische Ausbildung zur Verfügung gestellt werden. Die Dialoge könnte man über vernetzte Computer standortunabhängig führen.

In der Unfallchirurgie werden vielfach noch Tierversuche mit Hunden oder Schafen durchgeführt, um bei Knochenbrüchen die Belastbarkeit von implantierten Nägeln, Schrauben und Platten zu überprüfen. Als Alternative bietet sich an, diese Belastungsprüfungen durch Computersimulation virtuell durchzuführen (Gericke et al., 2005, S. 60).

In Zusammenarbeit mit der deutschen *Zentrale zur Erfassung und Bewertung von Ersatz- und Ergänzungsmethoden zu Tierversuchen* (ZEBET) wurde der 3NRU-Test entwickelt, bei dem lichtsensibilisierende Substanzen anhand von Hautzellen, anstelle des bisher üblichen Testverfahrens an rasierten Hautstellen von Kaninchen und Nagetieren, ermittelt werden.

An der Universität Bern wurde als Ersatz der Kosmetiktests am Kaninchen ein immunreaktives In-vitro-Hautmodell aus Hautstammzellen und Immunvorläuferzellen entwickelt, mit dem entzündliche Hautirritationen infolge kosmetisch genutzter Substanzen festgestellt werden können. Dieses Hautmodell enthält die immunologisch aktiven Langerhans-Zellen, die Fremdstoffe erkennen und Entzündungsreaktionen auslösen (Illinger, 2005, S. 18). Alternativen zur Testung kosmetischer Produkte auf ihre Schädlichkeit wurden in *The 7th amendment to the cosmetics directive* entsprechend dem neuesten Stand dargestellt (Eskes & Zuang, 2005, S. 1–228).

In der Ökotoxikologie wurden zahlreiche Alternativmethoden (Zellkulturen, Mikroorganismen, bebrütete Hühnereier etc.) entwickelt, wie z. B. ein In-vitro-Testsystem mit isolierten humanen Leukozyten zur Abschätzung immuntoxischer Einflüsse von Umweltchemikalien (Ahne, 1999, S. 84–86).

Nach Ansicht von Thomas Hartung, dem Leiter des *European Centers for the Validation of Alternative Methods* (ECVAM), könnten künftig tierversuchsfreie automatisierte Testsysteme den LD_{50}-Test (Ermittlung der Giftigkeit von Stoffen, bei der 50 % der Versuchstiere sterben) völlig ersetzen.

Forschungseinrichtungen arbeiten daran, neuartige tierversuchsfreie Testmodelle für die Stoffzulassungen nach dem neuen EU-Chemikaliengesetz zu etablieren. Dies ist besonders bedeutungsvoll, da nach der EU-REACh-Verordnung (*Registration, Evaluation and Authorisation of Chemicals*) ca. 30 000 Altstoffe auf ihre Schädlichkeit künftig untersucht werden sollen, wofür etwa 45 Millionen Versuchstiere ihr Leben lassen müssten, falls keine Alternativmethoden eingesetzt werden würden.

Um Fieber auslösende Verunreinigungen (Pyrogene) in injektionsfähigen Therapeutika (z. B. Impfstoffe, Infusionslösungen) festzustellen, wurden die zu testenden Arzneimittel früher Kaninchen injiziert. Heute benutzt man ein In-vitro-Verfahren mit humanen Blut: Bei Anwesenheit von Pyrogenen reagieren die kultivierten Leukozyten mit der Freisetzung des Zytokins Interleukin-1. Die Freisetzung dieses Botenstoffes hat sich als zuverlässiger Marker zur Erkennung einer Pyrogen-Verunreinigung bewährt.

Nach der deutschen Fleischhygieneverordnung vom 8. Juli 2000 kann der bisher etablierte „Maus-Bioassay" (Mäusen wird püriertes Muschelfleisch in die Bauchhöhle gespritzt, um die Giftigkeit der Muscheln zu ermitteln; infolge der Vergiftungserscheinungen sterben diese innerhalb von 24 Stunden) durch chemisch-physikalische Methoden ersetzt werden. Von der *Zentralstelle zur Erfassung und Bewertung von Ersatz- und Ergänzungsmethoden zum Tierversuch* (ZEBET) wurde der Maus-Bioassay als *„eine nicht nach wissenschaftlichen Kriterien überprüfte und genormte Methode"* eingestuft. Dennoch gibt es zur Zeit Bestrebungen in der EU, den zweifelhaften Maus-Bioassay wieder als obligatorisches Testsystem einzuführen.

Bei Stoffprüfungen werden embryonale Stammzellen von Mäusen zum Screening auf teratogene Eigenschaften eingesetzt, um bei nachfolgenden Tierversuchen die Anzahl der Tiere reduzieren zu können. Dieser Stammzellentest wird von EVCAM empfohlen, konnte aber bisher die Tierversuche nicht vollständig ersetzen.

Als Alternative zu transgenen Tieren finden heute schon transgene Protozoen Anwendung (Roditi, 2000, S. 2f.).

Damit eine Alternativmethode zum Einsatz kommen kann, sind zahlreiche Hürden zu nehmen. Nach der Entwicklung einer Alternative erfolgen die langwierigen Validierungsverfahren in sogenannten Ringversuchen, wobei mehrere voneinander unabhängige Laboratorien „Doppel-Blind-Studien" durchführen müssen. Die Anerkennung einer Alternative durch die Behörden kann mehrere Jahre in Anspruch nehmen. Hierzu äußerte sich Thomas Hartung (ECVAM):

> *Die regulatorische Anerkennung ist ein Konsensprozess zwischen vielen Staaten. Außerdem ist die Sicherheitsprüfung zu Recht konservativ, da man nicht leichtfertig unseren hohen Standard gefährden möchte.*" (zitiert nach Gärtner, 2006, S. 43)

Im Abstand von drei Jahren findet jeweils eine internationaler Kongress zum Thema „Alternativmethoden" statt. Vier dieser Veranstaltungen wurden bisher in Baltimore, in Utrecht, in Bologna und in New Orleans ausgerichtet. 2005 fand der 5. Kongress in Berlin unter der Schirmherrschaft des Bundesministeriums für Verbraucherschutz statt. Dort wurden zahlreiche Aspekte zur Entwicklung der Alternativmethodenforschung ausgiebig diskutiert (Rusche, 2005, S. 10–11).

Über das Deutsche Institut für Medizinische Dokumentation und Information kann man kostenfrei die Volltextdatenbank der ZEBET, die Daten über Ersatz und Alternativmethoden zu Tierversuchen enthält, erreichen (http://gripsdb.dimdi.de/germ/gui.html).

Exkurs: Tierschutzpreise

Von Tierschutzorganisationen, Stiftungen, Universitäten, Bund und Ländern oder auch von Industrieunternehmen werden immer wieder Forschungspreise für die Entwicklung von Methoden ausgeschrieben, die Tierversuche ersetzen, die die Anzahl der Versuchstiere reduzieren oder die Schmerzen und Leiden von Versuchstieren vermindern helfen. Beispiele hierzu sind der jährlich ausgeschriebene Felix-Wankel-Tierschutz-Forschungspreis von der Tierärztlichen Fakultät in München, die verschiedenen Tierschutzforschungspreise der Länder sowie die zahlreichen internationalen Preise zur Förderung der Erforschung von Ersatz- und Ergänzungsmethoden für Tierversuche.

7 Ausblick

Tierquälereien und Experimente mit Tieren sind seit dem Altertum überliefert. Schon damals haben die Misshandlungen der Tiere Proteste hervorgerufen. Seit der Aufklärung mahnen Philosophen, Ethiker und Tierschützer beständig die ethisch-moralische Verpflichtung der Menschen gegenüber den Tieren an. Die Menschen sind verpflichtet, ihren Mitgeschöpfen moralische Rechte zuzugestehen und vom praktizierten Anthropozentrismus im Umgang mit den Tieren endlich abzulassen. Die Tiere sind keine geistlosen Automaten ohne Bewusstsein, wie es der cartesianische Dualismus lehrt, sie haben vielmehr ureigenste Lebensinteressen, sie sind als empfindsame Lebewesen leidensfähig und empfinden Schmerzen.

Oft wird jedoch argumentiert, dass Schmerzempfindung an das Bewusstsein und dieses wiederum an die Sprachfähigkeit gebunden ist. Da Tiere nicht, wie im menschlichen Sinne, sprechen könnten, hätten sie auch kein Bewusstsein und würden somit auch kein Leid und keine Schmerzen empfinden (Davidson, 2005, S. 117–131). Gesichert ist jedoch, dass zumindest die höher entwickelten Wirbellose (z. B. Kopffüßer, Krebse) sowie alle Wirbeltiere über Systeme verfügen, die der Aufnahme, Weiterleitung und Wahrnehmung von Schmerzen dienen. Die Schmerzwahrnehmung ist eine *conditio animalis* und dient prinzipiell der Lebenserhaltung.

Es war ein langer Weg von de Montaignes Grausamkeitsverbot aus dem Jahre 1580 bis zum Erlass der ersten Tierschutzgesetze im 19. Jahrhundert. Die Erkenntnis, dass Tiere schmerz- und leidensfähig sind und die Menschen ihnen gegenüber eine moralisch-sittliche Verantwortung haben, setzte sich erst langsam mit der Aufklärung durch. Das Tierschutzgesetz der Bundesrepublik Deutschland, das im Jahre 1972 erlassen wurde, fordert ethische und moralische Einsichten und Beschränkungen im Umgang mit den Tieren. Damit sollen die vorherrschenden anthropozentrischen Handlungen gegenüber den Tieren sowohl in wissenschaftlicher als auch in ökonomischer Hinsicht begrenzt werden.

Bei Tierversuchsvorhaben ist eine kritische Abwägung zwischen den Gütern des Menschen und denen der Tiere erforderlich. Das individuelle Leben und das Wohl der Individuen steht hierbei an erster Stelle. Die Berechtigung eines Tierversuchsvorhabens ist nach wissenschaftlichen Maßstäben und bioethischen Kriterien dezidiert zu evaluieren. Die Unabdingbarkeit, die wissenschaftliche Effizienz einer Aussage und die Belastung der Tiere sind wesentlich für die Genehmigung eines Tierversuches. Allerdings kommt es bei utilitaristischer Abwägung des Nutzens eines Tierversuches und der Belastung der Tiere oftmals zu Wertungswidersprüchen. Der Hinweis auf die im Grundgesetz verankerte Forschungsfreiheit entbindet nicht von der Rechtfertigungspflicht für die Folgen eines Tierversuches, zumal dem Tierschutz nach Artikel 20a des Grundgesetzes der Bundesrepublik Deutschland Verfassungsrang zugestanden wird.

Die Beachtung des *Prinzips der drei R* (Replacement, Reduction, Refinement) stellt eine wesentliche Voraussetzung für die ethische Abwägung eines Tierversuchs dar. Nach dem Tierschutzgesetz und den Richtlinien der EU ist die Beachtung des 3R-Prinzips für Handlungen mit den Versuchstieren verpflichtend. Die Interpretation und Verwirklichung des 3R-Prinzips kann jedoch wegen unterschiedlicher oder unzureichender Informationsgehalte sehr unterschiedlich ausfallen. Defizite zeigen jedoch, dass das 3R-Prinzip nicht immer als mnemotechnisches Instrument voll funktionsfähig ist (Schuppli & Fraser, 2005, S. 487–500).

Wie die Arzneimittelskandale Contergan®, Lipobay®, Vioxx® und neuerdings auch das Arzneimittel TGN1412 der Würzburger Firma Tegenero zeigen, können die Schlussfolgerungen aus Tierversuchen nicht kritiklos auf die menschlichen Verhältnisse übertragen werden. Der Effizienz wissenschaftlicher Aussagen für eine andere Spezies sind interartliche Grenzen gesetzt. Eine Bestandsaufnahme der klinischen Relevanz von genehmigten Tierversuchsvorhaben hat gezeigt, dass nur etwa 0,3 % der untersuchten Fälle innerhalb von 10 Jahren nachweislich in der Humanmedizin umgesetzt wurden (Lindl et al., 2005, S. 143–151).

Es wurden immer öfter Stimmen laut, die Tierversuche völlig abzuschaffen. Ein apriorisches Verbot von Tierversuchen, wie es radikale Tierschützer sowie auch Ethiker, wie z. B. der Philosoph Singer, fordern, ist zum gegenwärtigen Zeitpunkt sicherlich illusionär. Tierversuche sind sowohl in der Wissenschaft, in der biomedizinischen Forschung als auch in verschiedenen gesetzlichen Vorschriften fest verankert. Die moderne Wissenschaft wird in der Grundlagenforschung und in der angewandten Forschung auch künftig nicht auf Tierversuche verzichten. In jüngster Zeit hat die bioethische Relevanz der Tierversuche im Hinblick auf die Alternativmethoden – trotz der immer noch zu kritisierenden Mängel – vielfältige Verbesserungen erfahren.

Dennoch wird von weiten Teilen der Bevölkerung nach wie vor der Schutz der Versuchstiere und insbesondere die gängige Tierversuchspraxis bemängelt. Es werden strengere Regelungen für Tierversuche und eine großzügigere Förderung von Alternativmethoden gefordert. Dies belegt eine von Juni bis August 2006 von der Europäischen Kommission gestartete Internet-Umfrage zu Tierversuchen (http://ec.europa.eu/environment/chemicals/lab_animals/questionnaire1.htm).

42 655 Bürger aus 25 EU-Mitgliedstaaten haben sich an der Umfrage beteiligt, sprachen sich für drastische Verbesserungsmaßnahmen und Transparenz der Tierversuche aus und forderten ein Mitspracherecht bei Tierversuchsvorhaben sowie den verstärkten Einsatz von Alternativmethoden. In der Pressemeldung vom Dezember 2006 weist der Deutsche Tierschutzbund e.V. darauf hin, dass dem Willen der Bevölkerung auch politisch Rechnung getragen werden muss.

„Dieses überwältigende Ergebnis stellt einen dramatischen Appell an die Entscheidungsträger dar: Nicht nur in Deutschland, sondern auch innerhalb der EU hat der Schutz von Versuchstieren einen extrem hohen Stellenwert, und die Bürgerinnen und Bürger wollen gravierende Verbesserungen sehen. Die Eindeutigkeit dieser Umfrage unterstreicht unseren Auftrag, bei den Verhandlungen zur anstehenden Überarbeitung der EU-Versuchstierrichtlinie erhebliche Verbesserungen im Tierschutz einzufordern.“ (Brigitte Rusche, Leiterin der Akademie für Tierschutz, http://www.tierschutzbund.de/02292.html)

Literatur

Abendzeitung. „Student will keine Tiere töten – Richter zwingen ihn dazu“, München (1992), 38.

Ahne, W. „Untersuchungen über die Verwendung von Fischzellkulturen für Toxizitätsbestimmungen zur Einschränkung und Ersatz des Fischtests“, in: Zbl. Bakt. Hyg., I. Abt. Orig. B 180 (1985), 480–504.

Ahne, W. „Ein in vitro Testsystem zur Abschätzung human-immuntoxischer Wirkungen von Umweltchemikalien“, in: ALTEX 16 (1999), 84–86.

Ahne, W., Schweinzer, U. „Durch Pestizide induzierte chromosomale Strukturveränderungen (Anaphasenaberrationen) bei Fischzellkulturen (R1-Forellenzellen)“ in: Wasser – Abwasser 134/12 (1993), 745–748.

Ahne, W. „Interartliche Transplantationen“, in: Ahne, W., et al. (Hg.), Zoologie – Lehrbuch für Studierende der Veterinärmedizin und Agrarwissenschaften, Stuttgart, Schattauer (2000), 287–288.

Anonymus. „Gericht untersagt Tierversuche“, in: ALTEX 21 (2004), 248.

Ärzte gegen Tierversuche. (http://aerzte-gegen-tierversuche.tierrechte.de).

Baethmann, A. „Tierversuche: Utopische Forderung“, in: Deutsches Ärzteblatt (2004), 2806.

Balzer, P., et al. „Menschenwürde vs. Würde der Kreatur“, Freiburg – München, Alber (1999), 7f.

Bartelmus, R. „Die Tierwelt in der Bibel“, in: Janowski, B., et al. (Hg.), Gefährten und Feinde des Menschen. Das Tier in der Lebenswelt des alten Israel. Neukirchen-Vluyn, Neukirchener (1993), 245–311.

Bekoff, M. „Das unnötige Leiden der Tiere“, Freiburg i. Br., Herder (2001), 143–150.

Bentham, J. „An Introduction to the Principles of Moral and Legislation“ (1780), Kapitel 17, § 1, Deutsche Fassung, zitiert nach Singer, P.: Befreiung der Tiere. Eine neue Ethik zur Behandlung der Tiere, München, Hirthammer (1982), 26 f.

Bernatzky, G. „Schmerz bei Tieren“ in: Sambraus, H.H., Steiger, A. (Hg.), Das Buch vom Tierschutz, Stuttgart, Enke (1997), 40–56.

Berndt, C. „Gute Zellen, schlechte Zellen“, in: Süddeutsche Zeitung Nr. 92, München (2005), 13.

Blumer, K. „Tierversuche zum Wohle des Menschen ?“, München, UTZ (1999), 7f.

Bogner, A., Merz, W., „Absichtsvoller Streit – Der Nationale Ethikrat nimmt der Politik keine Entscheidungen ab – sinnvoll ist er trotzdem“, in: Süddeutsche Zeitung 19 (2006), 15.

Bremer, M. „Tierisches Bewusstsein als Testfall für die Kognitionswissenschaften“, in: Herrmann, C.S., Pauen, M., Rieger, J.W., Schicktanz, S. (Hg.), Bewusstsein – Philosophie, Neurowissenschaften, Ethik, München, Fink (2005), 286–308.

Broder, S., Venter, J. „Mapping our future of medicine“, in: Odyssey 5 (1999), 26 f.

Campell, N.A. „Biologie“, (Markl, J., Hg.), Berlin – Oxford, Spektrum (1997), 852–1149.

Cock Bunning T. de, et al. „Ethische Aspekte des Tierversuchs“, in: Lambertus, F., et al. (Hg.), Grundlagen der Versuchstierkunde, Stuttgart, Enke (1995), 301–314.

Davidson, D. „Rationale Lebewesen“, in: der Geist der Tiere – Philosophische Texte zu einer aktuellen Diskussion, Frankfurt/M., Suhrkamp (2005), 117–131.

Der Apostolische Stuhl. Rom (1982), 1392–1396.

Descartes, R. „Discours de la methode“ (1637), Übersetzer u. Hg. Lüder Gäbe, Hamburg, Meiner (1960).

Deutscher Bundestag „Tierschutzbericht 2005“, BRg 27.04.2005, Drs. 15/5405, (www.bundestag.de).

Deutscher Tierschutzbund e.V. „Tierversuche in der Kosmetik“, Bonn (2005), 1–44.

Di Carlo, F.J. „Carcinogenesis bioassay data: correlation by species and sex“, in: Drug Metabolism Reviews 15 (1984), 409–413.

Doetschmann, T.C., et al. „The in vitro development of blastocyst-derived embryonic stem sell lines: formation of visceral yolk sac, blood islands and myocardium“, in: Journal of Embryology and Experimental Morphology 87 (1985), 27–45.

Dreier, R. „Recht und Gerechtigkeit“, in: Grimm, D. (Hg.), Einführung in das Recht I, Stuttgart, UTB (1985), 99.

EFSA. eu. Int/science/ahaw opinions/1286 de. html.

Elsner, A. „Tierversuche: Die Relevanz für den Menschen ist umstritten“, in: Deutsches Ärzteblatt (2004), 2511.

Eskes, C., Zuang, U., „Alternative (Non Animal) Methods for Cosmetics Testing: Current Status and Future Prospects“, in: ATLA 33 (2005), 1–228.

Frey, R. „Rechte, Interessen, Wünsche und Überzeugungen“, in: Krebs, A. (Hg.), Naturethik, Frankfurt/M., Suhrkamp (1997), 76–91.

Frey, R. „Interest and Rights. The Case Against Animals“, Oxford, University Press (1980), 1f.

Gallachi, G., Pilger, B. „Schmerzkompendium“, Stuttgart – New York, Thieme (2005), 27–61.

Gärtner, E., et al. „Tierversuche – wo sind sie ersetzbar?“, in: Bild der Wissenschaft 2 (2006), 36–45.

Gärtner, K., „Tierversuche“, in: Lexikon für Bioethik, Gütersloh, Gütersloher Verlagshaus (2000), 567–569.

Gericke, C., et al. „Was sie schon immer über Tierversuche wissen wollten“, Göttingen, Echo (2005), 7–96.

Griffin, D.R. „Wie Tiere denken – ein Vorstoß ins Bewusstsein der Tiere“, München – Wien – Zürich, BLV (1985), 6–240.

Grundgesetz für die Bundesrepublik Deutschland, Textausgabe (2003), 15, 23.

Hackbarth, H., et al. „Gesetzgebung und Tierversuche“, in: Lambertus, F. (Hg.), Grundlagen der Versuchstierkunde, Stuttgart, Enke (1995), 9–18.

Hagelin, J. „The use of live apes in research in the twenty-first century“, in: ATLA 33 (2005), 111–119.

Harvey, W. „Die Bewegung des Herzens und des Blutes“ (lat. Orig. Ausg. 1628), in: von Töply, R. (ed.), Klassiker der Medizin, Leipzig (1910), Bd. 1, 12., www.ärzteblatt.de/v4/archiv/artikel.

Heine, G. „Rechtlich“, in: Lexikon der Bioethik, Gütersloh, Gütersloher Verlagshaus (2000), 569–571.

Höffe, O. „Der wissenschaftliche Tierversuch. Eine bioethische Fallstudie“, in: Stöcker, E. (Hg.), Ethik der Wissenschaften? Philosophische Fragen, München, Fink (1984), 117–142.

Holstead, J., et al., „Regulation of cancer cell migration and bone metastasis by Rankl“, in: Nature 440 (2006), 692–696.

Hossmann, A. „Tumorrisiko embryonaler Stammzellen“, in: Deutsches Ärzteblatt 42 (2003), 2730.

Illinger, P. „Kosmetiktests ohne Kaninchen“, in: Süddeutsche Zeitung, Nr. 218 (2005), 18.

Irrgang, B. „Tierschutz“, in: Lexikon der Bioethik, Gütersloh, Gütersloher Verlagshaus (2000), 561–567.

Kant, I. „Metaphysik der Sitten“ § 17 „Tugendlehre“ (1797), Hamburg, Meiner (1954), 578 f.

Karimi-Abdolrezaee, S., et al. „Delayed Transplantation of Adult Neural Precursor Cells Promotes Remyelination and Functional Neurological Recovery after Spinal Cord Injury“, in: The Journal of Neuroscience 26 (2006), 3377–3389.

Kissler, A. „Der kategorische Klon. Wie Bioethik-Experten Kant instrumentalisieren“, in: Süddeutsche Zeitung 74 (2006), 12.

Kleinhappl, J. „Güter“, in: Brugger, W. (Hg.), Philosophisches Wörterbuch, Freiburg, Breisgau, Herder (1992), 163–164.

Knight, A., et al. „Animal Carcinogenicity Studies: 1. Poor Human Predictivity; 2. Obstacles to Extrapolation of Data to Humans“, in: ATLA 34 (2006), 19–38.

Kolar, R. „Die Abwägung der ethischen Vertretbarkeit von Tierversuchen: Theorie und Praxis“, in: ALTEX 17 (2000), 227–234.

Kolar, R. „Drei Jahre Tierschutz im Gesetz“, in: Du und das Tier 6 (2005), 8.

Kübler, J., Pigeot, I. „Beiträge der Statistik zur Reduzierung der Versuchstieranzahl“, in: Der Tierschutzbeauftragte 2 (1993), 11–17.

Kummer, C. „Soll man das therapeutische Klonen verbieten?“, in: Stimmen der Zeit (2001), 200.

Kunzmann, P. „Können Tiere leiden?“, in: Stimmen der Zeit, 2 (2005), 90–102.

Kuschinsky, W. „Tierversuche: Verunglimpfung“, in: Deutsches Ärzteblatt 99, Ausgabe 37 (2002), 2404.

Lanza, R.P., et al. „Xenotransplantation", in: Spektrum der Wissenschaft, September (1997), 70–75.
Läsker, K. „Alle Tiere versprachen Sicherheit", in: Süddeutsche Zeitung 64 (2006), 18.
Lindl, T., et al. „Tierversuche in der biomedizinischen Forschung", in: ALTEX 22 (2005), 143–151.
Löwer, W. „Tierschutz als Staatsziel – Rechtliche Aspekte", in: Thiele, F. (Hg.), Tierschutz als Staatsziel? (2001), 43, www.europaeische-akademie-aw.de/pages/publikation/graue_reihe/25.pdf
Luy, J. „Tierversuche: Medizinische Forschung im moralischen Dilemma", in: Deutsches Ärzteblatt 99, Ausgabe 24 (2002), 1639.
Mather, J.A. „Animal suffering: An invertebrate perspective", in: Journal of Applied Animal Welfare Science 4 (2001), 151–156.
Meyer-Abich, K. „Wege zum Frieden mit der Natur: praktische Naturphilosophie für die Umweltpolitik", München, Hauser (1984), 27 f.
McCloskey, H.J. „Rights", in: Philosophical Quarterly 15 (1965), 115–127.
Modrow, S., et al. „Molekulare Virologie", Stuttgart, Spektrum (2003), 300–309.
Montaigne, M. de. „Essais" (1580). Zürich, Manesse (1953).
Nelson, L. „System of Ethics", New Haven, Elliots Books (1956), 136–144.
Nida-Rümelin, J., von der Pfordten, D. „Tierethik II: Zu den ethischen Grundlagen des Deutschen Tierschutzgesetzes", in: Nida-Rümelin, J. (Hg.), Angewandte Ethik, Stuttgart, Kröner (1996), 485–509.
Patzig, G. „Der wissenschaftliche Tierversuch unter ethischen Aspekten", in: Hardenberg, W., Preiser, G. (Hg.), Tierversuche und medizinische Ethik, Hildesheim, Olms (1986), 68–84.
Pauen, M. „Einleitung", in: Herrmann, C.S., Pauen, M., Rieger, J.W., Schicktanz, S. (Hg.), Bewusstsein – Philosophie, Neurowissenschaften, Ethik, München, Fink (2005), 9–21.
Pawlik, M. „Nashörner in der Besserungsanstalt", (Rezension zu: Liechti/Hg.) in: Frankfurter Allgemeine Zeitung (2002), 48.
Penzlin, H. „Lehrbuch der Tierphysiologie", Jena – Stuttgart, Fischer (1996), 15f.
Regan, T. „The Case for Animal Rights", London, Routledge (1984), 1f.
Regan, T. „Wie man Rechte für Tiere begründet" in: Krebs, A. (Hg.), Naturethik, Frankfurt/M., Suhrkamp (1997), 33–46.
Roditi, I. „Transgenic protozoa as an alternative to transgenic animals", in: 3R-Info-Bulletin 14, (2000), 2 f.
Rögener, W. „Körperfeindliche Antikörper. Das Unglücks-Medikament sollte das Immunsystem regulieren", in: Süddeutsche Zeitung 65 (2006), 22.
Roth, G. „Das Gehirn und seine Wirklichkeit", Frankfurt/M., Suhrkamp (1997), 1–381.

Ruhdel, I.W., Sauer, U.G. „Primatenbericht“, Bonn, Deutscher Tierschutzbund e.V. (1998), 1–62.
Rusche, B., Apel, W. „Nerv getroffen. Ein Jahrzehnt Hirnforschung an der Universität Bremen – Forschungsaussagen: Ethische Bewertungen“, Bonn, Deutscher Tierschutzbund e.V. (2001), 148 f.
Rusche, B. „Am Ziel sind wir noch lange nicht..aber die Fortschritte sind nicht zu übersehen“, in: Du und das Tier 6 (2005), 10–11.
Russel, W. „Alternatives to animal experiments: progress made and challenges ahead“, in: ATLA 31 (2003), 216–218.
Russel, W., Burch, R. „Principles of Humane Experimental Technique“, London, Mathuen (1959).
Sambraus, H.H., „Geschichte des Tierschutzes“, in: Sambraus, H.H., Steiger, A. (Hg.), Das Buch vom Tierschutz, Stuttgart, Enke (1997), 1–17.
Scharmann, W., Teutsch, G. „Zur ethischen Abwägung von Tierversuchen“, in: ALTEX 11 (1994), 181–198.
Schlieper, C., Möhres, F.P. „Praktikum der Zoophysiologie“, Stuttgart, Fischer (1965), 163–164.
Schmitz, J. „Sterben für Gebühren“, in: Du und das Tier 2/89 (1989), 7–8.
Schweitzer, A. „Die Lehre von der Erfurcht vor dem Leben“, Berlin, VOB Union (1962).
Schuppli, C.A., Fraser, D. „The international and Application of the Three Rs by Animal Ethics Committee Members“, in: ATLA 33 (2005), 487–500.
Searl, J.R. „Der Geist der Tiere“ in: Perler, D., Wild, M. (Hg.), Der Geist der Tiere – Philosophische Texte zu einer aktuellen Diskussion, Frankfurt/M., Suhrkamp (2005), 132–152.
Sellert, W. „Das Tier in der abendländischen Rechtsauffassung“, in: Studium generale, Vorträge zum Thema: Mensch und Tier, Hannover (1984), 66–84.
Sherwin, C.M. „Can invertebrate suffer? Or, how robust is argument-by-analogy?“, in: Animal Welfare 10 (2001), 103–118.
Singer, P. „Animal Liberation“, New York, Avon Books (1975).
Singer, P. „Alle Tiere sind gleich“, in: Krebs A. (Hg.), Naturethik, Frankfurt/M., Suhrkamp (1997), 13–32.
Singer, P. „Befreiung der Tiere. Eine neue Ethik zur Behandlung der Tiere“. Aus dem Englischen von E. Scheidt, München, Hirthammer (1982), 26.
Singer, P. „Praktische Ethik“, Stuttgart, Reclam (1994), 28 f.
Spaemann, R. „Bestialische Quälereien Tag für Tag. Das Foltern muss sofort aufhören“, in: Deutsche Zeitung – Christ und Welt (1979), 33.
Spaemann, R. „Tierschutz und Menschenwürde“, in: Händel, U.M. (Hg.), Tierschutz, Frankfurt/M., Suhrkamp (1984).
Stampf, O., Thome, A. „Wiedergeburt im Stall“, in: Der Spiegel 9 (2006), 140–142.
Tierschutzgesetz der Bundesrepublik Deutschland, Bundesgesetzblatt Teil I Nr. 30 (1998), aktuelle Fassung (2005), FNA 7833-3, 1666f.

Teutsch, G.M. „Mensch und Tier: Lexikon der Tierschutzethik“, Göttingen, Vandenhoek u. Rupprecht (1987), 835–847.

Vetter, C. „Pharmacogenomics: Vom Gen zu maßgeschneiderten Arzneimitteln“, in: Deutsches Ärzteblatt 97 (2000), 1320.

Wagner, H. „Menschenrechte für Menschenaffen?“, in: Naturwissenschaftliche Rundschau 52 (1999), 425–429.

Weiss, R.A. „Transgenic pigs and virus adaption“, in: Nature 391 (1998), 327–328.

Weizsäcker, C.F. „Gottesfragen und Naturwissenschaften“, in: Beiträge zur politischen religiösen Gegenwartsfragen, München – Wien, Hanser (1978), 164.

Wilmut, I., et al. „Dolly: der Aufbruch ins biotechnische Zeitalter“, München, dtv (2002).

Wittgenstein, L. „Tractus logicophilosophicus“, Bd. 1 Werksausgabe Frankfurt/M., Suhrkamp (1989), 357.

Wolf, E. „Genetische Modifikation von Tieren“, in: Ahne, W., et al. (Hg.), Zoologie – Lehrbuch für Studierende der Veterinärmedizin und Agrarwissenschaften, Stuttgart, Schattauer (2000), 25 f.

Wolf, U. „Haben wir moralische Verpflichtungen gegen Tiere?“, in: Krebs A. (Hg.), Naturethik, Frankfurt/M., Suhrkamp (1997), 47–74.